零浪费堆肥

NO-WASTE COMPOSTING

室 内 外 小 空 间 废 物 循 环 利 用

[美] 米歇尔·鲍尔茨 著

王秀莉 译

中国轻工业出版社

图书在版编目（CIP）数据

零浪费堆肥 /（美）米歇尔·鲍尔茨著；王秀莉译. — 北京：中国轻工业出版社, 2024.6
ISBN 978-7-5184-3679-8

Ⅰ.①零… Ⅱ.①米…②王… Ⅲ.①堆肥 Ⅳ.①S141.4

中国版本图书馆CIP数据核字（2021）第197841号

责任编辑：郭挚英　　责任终审：张乃東　　整体设计：知壹文化
策划编辑：郭挚英　　责任校对：宋绿叶　　责任监印：张京华

出版发行：中国轻工业出版社（北京鲁谷东街5号，邮编：100040）
印　　刷：当纳利（广东）印务有限公司
经　　销：各地新华书店
版　　次：2024年6月第1版第3次印刷
开　　本：710×1000　1/16　印张：8
字　　数：127千字
书　　号：ISBN 978-7-5184-3679-8　定价：45.00元
邮购电话：010-85119873
发行电话：010-85119832　010-85119912
网　　址：http://www.chlip.com.cn
Email：club@chlip.com.cn
版权所有　侵权必究
如发现图书残缺请与我社邮购联系调换
240714S6C103ZYW

献给我的孩子——本和艾米莉
以及我所有的侄子侄女外甥外甥女，
乔西、艾娃、海蒂、维奥莱特、约翰、艾琳娜和阿奇。

让我们成为世界上友好、再生和希望的力量。

目录

导 言

一旦你开始家庭堆肥，就不仅仅是一个习惯，你会变得痴迷。你不仅是一个堆肥的人，而且会成为真正的"堆肥者"。把香蕉皮、枯叶和咖啡渣等很多人眼里的垃圾，变成美丽、富饶、松软的土壤补充剂，这个过程中你也会发生转变，变得更加自给自足，更能干，与脚下的世界联系更紧密。

本书包含十多个简单的DIY（Do it yourself的英文缩写，意为自己动手制作）项目，通过重复利用材料，创建你自己的后院或室内堆肥系统。项目用到的大多是你或你的朋友手头已有的东西。这意味着你不需要花钱，或只花很少的钱，就可以在家堆肥。

你有堆肥箱？太好了！本书包含成为堆肥者所需的所有知识。刚开始堆肥，却因为不知道需要遵循的几条基本规则便放弃，这种情况屡见不鲜。第2章介绍了如何平衡棕色材料和绿色材料，什么可以堆肥，什么不可以，以及如何最简单地堆肥。

了解规则并且知道如何打破规则，会更有趣。我给那些想堆肥却没有堆肥箱的人提供了创新堆肥方法。你还会学习到利用传统家庭堆肥中一般不使用的材料的特殊技术，如肉类和狗粪。有一整章是关于用狗狗的粪便堆肥的内容。

无论你已经在堆肥、想更进一步，还是你刚刚开始堆肥，本书都将帮助你成为一个成功的堆肥者，把垃圾变成园丁的黄金，使用循环利用材料建立起你的堆肥系统，让你变得自给自足，资源丰富。

你是不是已经开始着迷了？

▶ 本书包括许多简单的DIY项目，帮你创建室内外堆肥系统，如第3章中将垃圾桶改造成滚筒堆肥箱。

◀ 将香蕉皮、苹果核和枯叶转化为宝贵的土壤添加剂，供花园使用。

第1章

零浪费生活方式
和堆肥的好处

‖‖‖‖‖‖‖‖‖‖‖‖‖‖‖‖‖‖‖‖‖‖‖‖‖‖‖‖‖

零浪费生活方式

想一下我们在日常生活中制造了多少垃圾，也许你感觉零浪费生活似乎不可能。别着急，先听我说完。在我看来，零浪费生活是一个理想的目标，一小步一小步地来，改变购买的产品和用完后的处理方式。努力实现零浪费，意味着极可能以最高效的方式使用自然资源，保护我们心爱的地球。在日常生活中堆肥，你便朝着零浪费生活迈出了一大步。

重复利用是实现零浪费的另一个飞跃。你可能在小学就学过3R原则——减少（Reduce）、重复利用（Reuse）、循环利用（Recycle），其中，重复利用的优先级高于循环利用，因为它消耗的资源更少，对环境的意义更大。严格来说，堆肥属于"循环利用"，因为我们（确切地说是我们的微生物朋友）在这个过程中将一种物质转化成了新的东西。

实现重复利用的方式很多，本书介绍了很多重复利用的项目。对于我们这种节俭的环保主义者来说，重复利用日常产品和包装太有吸引力了。你可以去二手建材市场购买木材和其他用品。在那里，你会发现很多宝贝，收获寻宝的乐趣。你也可以把家

里或车库闲置的材料利用起来，建造堆肥箱。与其购买新的厨余收集容器，不如利用旧黄油桶或咖啡罐。用一张纸列出可以堆肥的物品清单，贴在桶外面，让它彻底改头换面。

在材料来源上你可以大开脑洞。一个朋友用二手腌菜桶来制作堆肥器（第43页），比网上买新堆肥器便宜得多，甚至还散发着令人垂涎的腌菜味。有时制造商和商店会有多余的托盘，这可是用来造堆肥箱的完美材料（第46页）。你有在餐厅工作的朋友吗？那里应该有19升的桶，可以用来处理宠物粪便（第106页）。

就这样一小步一小步地向零浪费迈进。不知不觉，你每周丢到路边垃圾桶的垃圾会越来越少。

这个用旧腌菜桶做的堆肥器和网上买的很像，但只花了几块钱就做出来了。

二手建材市场

二手建材市场以优惠的价格提供二手建筑材料，如木材和固定装置。

旧百叶窗可以做成堆肥箱，焕发第二次生命。

每当有朋友问我什么是二手建材市场时，我总会说："就像一个二手市场，只不过卖的是建材，像木材和工具。"你可能没法想象，只有亲自前往才能体会那里的壮观。在那里，我就像一个到了糖果店的孩子。我喜欢老物件，可以花几个小时欣赏那些古董门把手、华丽的壁炉台和独特的灯具。

有些店可能疏于打理，你得花点工夫清理一翻，才能展现物品的真正魅力。想到既省钱又节约资源，花点工夫也值得。不同的市场主营不同品类，有条件的话，不妨多去几家附近的二手店逛逛。

堆肥可以改善土壤，让你的花园生机勃发。

堆肥的好处

想象一下，把许多人认为的垃圾变成有用的东西。堆肥时，你创造的东西会成为土壤改良剂，改善你的花园；可以降低土壤中的重金属含量；可以减少对化肥和杀虫剂的需求。最重要的是，不需要电力，你还可以自己制作所有需要的工具。

在真正的园丁心中，堆肥占有特殊地位，是最重要的土壤改良剂。决定堆肥，不仅个人能获得许多好处，也有利于周围的环境，对更大范围的环境问题也会产生积极影响。你有好处，土壤有好处，我们的地球有好处，一举三方共赢。

给土壤补充养分

植物生长需要16种基本化学元素。堆肥通过两种方式帮助植物获得这些营养物质。

首先，堆肥含有许多营养物质，因为你添加的材料——树叶、食物残渣、咖啡渣等——都含有这些营养物质。当材料在堆肥中分解时，这些营养物质中有许多可以转变为植物能吸收的形式。

更重要的是，堆肥能改善土壤中有益微生物的生存环境，让它们生长、繁殖，繁荣兴盛。土壤中这些微小的生物体将营养转变成植物能吸收的形式，并从周围的土壤中提取矿物质来供给植物。

堆肥不是化肥。人们设计化肥是为了给植物提供养分。堆肥是给土壤提供养分。这个区别看起来不大，但土壤不是空空的无生命的物质——它是一个充满生命的完整生态系统。堆肥可以改善土壤中的生命，帮助滋养植物。

增加土壤通气性

堆肥可以改良土壤，改善土壤耕性，也就是土壤的健康情况，也关乎植物的健康。如果土本来黏性很重，堆肥可以打破紧密的结构，让土壤更松软，通气和排水都更加顺畅。改良后的土壤，植物的根系生长会更容易，堆肥多变的结构能提供小孔隙容纳空气，供给植物根和生活在土壤中的生物。堆肥是一个不断给予的礼物，它还能为大型无脊椎动物创造土壤栖息地。这些土壤中的小生物能帮助土壤保持通气。

防止水土侵蚀

雨滴打在土壤上，会激起土壤表面的颗粒。然后，湿润的土壤颗粒按大小和密度分开，在沉降过程中逐层分布，最细的土壤颗粒沉降在上面，从而形成一个壳，阻挡水渗透到土壤下层（以及植物根部）。新形成的壳容易在水流形成的地方开裂，被水流带走。壳的形成和开裂便是土壤侵蚀和退化的开端。土壤表层如果有一层优质堆肥，可以缓冲掉落的雨滴产生的冲击，吸收能量并保护下面的土壤。

堆肥中大量有机物像土壤结构中的黏合剂，将土壤固定住，免受雨水和风的侵蚀。把堆肥放在斜坡上，可以减缓土壤流失。工程师、农民和土壤保护主义者都认识到了这一好处，已经在容易发生土壤侵蚀的地方使用堆肥。利用堆肥的这种能力，将堆肥应用于水土侵蚀可能带走的土壤。

提升土壤质量

你可以用堆肥改良花园土壤。如果传统农民能轻易得到大量堆肥，这种神奇的改良剂会被广泛应用。好在我们在后院就可以堆肥。厨房和花园每天都会产生可堆肥的原材料。因为规模小，堆肥能自然而轻易地发生。创造这种神奇的土壤改良剂，我们只需抓住机会。

环境收益

"思考时放眼全球，行动时立足自身"。后院堆肥秉持这一理念。从垃圾中留出材料，创造堆肥使用的资源，还可以积极影响全球环境。有时真难以想象一个人居然能影响整个星球，但如果我们的邻居、每个城市居民，都在家堆肥，那得产生多大影响啊！我们所做的事情真的很重要。

从左上开始，顺时针：堆肥滚筒需要投入的工作稍多，但会更快地产生成品堆肥。用家里的食物残渣堆肥，为风景添色，而不是为垃圾填埋场加料。减少废物，为子孙后代保留资源。在土壤中添加堆肥，可以改善土壤的通气性和耕性，让生长在上面的植物更加茁壮。

为风景添色，不要为垃圾填埋场加料

可堆肥的庭院植物枝叶、食物残渣和纸张可以占到家庭垃圾的1/3，甚至一半。美国一个家庭大约30%的垃圾会用于堆肥（每年约560千克）。这还不包括报纸和纸板等，这些也可以堆肥，但通常会被回收。

垃圾用来堆肥，节省了垃圾车的空间。垃圾车每趟能收更多户的垃圾，减少收集路线所需的燃料；也节省了垃圾填埋场的空间，这样一来，便延长了垃圾填埋场的寿命，推迟了建造新垃圾填埋场的需要。堆肥意味着垃圾减少，垃圾车更轻，垃圾填埋场的寿命更长，每个人都会因此高兴。

行动起来，防止食物浪费

把蔬菜剩余部分装袋子里，放冰箱保存。制作蔬菜高汤后，再拿去堆肥。

将食物残渣单独存放，以便在后院堆肥，你可以直观地看到自己浪费了多少食物。有些东西，如香蕉皮和瓜皮，是不可避免的。其他的，比如被遗忘在抽屉里已经黏糊糊的西葫芦，原本想吃掉却发了霉的草莓，都是可以避免的。这些变质食物其实还有很多潜在价值，拿去堆肥，它们会有所产出。

我们吃的每一口食物都在讲述着故事，从农民的劳动到种植食物用的土壤和水，运输食物的燃料，以及保持商店和家里的食物新鲜的能源。食物需要这么多资源。把浪费的东西堆肥当然比直接送到垃圾填埋场要好，我们也可以采取一些措施来减少家里的食物浪费（还可以省钱）。

▸ **买菜要做好计划**。清点储藏室和冰箱。提前计划膳食，食物变质前要吃掉。列一个买菜清单，尽可能按清单行事。

▸ **充分利用冰箱**。冰箱非常棒，可以保存食物，以便改日再吃。不想做饭时，冰箱里储存的预加工食品能让你轻松进餐。将熟透的香蕉剥皮后冷冻，过些日子可以制作美味冰沙。

▸ **恢复食物活力**。把蔫了的胡萝卜和莴苣放入冰水中，浸泡5~10分钟，它们会变得鲜活。不新鲜的面包和饼干可以用烤箱烤几分钟。煮过头的蔬菜可以做成酱汁或菜羹。

▸ **冰箱里放一个汤料袋**。大部分未使用的蔬菜都可以放这个袋子里。洋葱只用了一半，另一半可以放袋子里。做饭只用了蘑菇头，蘑菇柄放进袋子。羽衣甘蓝的梗和茎都可以扔进袋子。把这些蔬菜用水煮30分钟，要完全煮熟，形成高汤。过滤后可以用汤汁做汤，也可以冷冻备用。剩下的糊状蔬菜拿去堆肥。蔬菜身上的所有价值都实现了，可以骄傲地分解了。

减少碳足迹

后院堆肥减少了碳足迹，也就减少了生活中温室气体的量。植物分解时会释放出活着时吸收的二氧化碳。堆肥箱中的植物和食物残渣也如此。没关系，这很正常。

食物和枝叶被埋在没有空气的垃圾填埋场时，会进行厌氧分解，释放出甲烷。甲烷会拦截大气中的热量，在100年的时间里，其影响是二氧化碳的25倍。促进分解，可以减少枝叶和食物残渣产生的温室气体，缓解全球气候变化。该为自己点个赞！

先不要急，堆肥在棕色的、软塌塌的外表下还藏着更令人惊奇的东西。土壤中加入堆肥（包含里面的微生物），碳会神奇地储存在土壤中，从而不会成为二氧化碳。这要从植物生长说起。众所周知，光合作用人人喜爱，因为植物可以吸收空气中的二氧化碳。光合作用中植物没有使用的二氧化碳会被传输到根部，供给土壤中的生物体。这些土壤生物，特别是真菌，利用并稳定碳的形态，能使碳在土壤中储存数千年之久。这个过程被称作"碳汇"，值得我们鼓掌。

用堆肥改良土壤可以使土壤储存更多的碳，避免碳进入到大气中，减缓气候变化。

第2章

堆肥基础

‖‖‖‖‖‖‖‖‖‖‖‖‖‖‖‖‖‖‖‖‖‖‖‖‖‖‖‖‖‖

快速入门

花园种植时，你可以控制让哪些植物生长以及在哪里生长。堆肥时，你要尝试控制，让什么材料分解以及在哪里分解。这个过程中，你会创造出宝贵的土壤改良剂，减少家庭垃圾，开启对他人和环境都有益的举动。

家庭堆肥需要一个小建筑物或一个容器，也可以将堆肥直接融入花园。你收获成品堆肥的速度取决于你在堆肥中投入多少精力。后院堆肥非常宽容，即使犯错误，你也可以得到相当优质的堆肥。

自然界中没有废物——所有的东西都处于循环中，分解后会继续滋养新生命。腐殖质是分解过程形成的土壤有机成分。大自然用几十年，甚至几个世纪，创造出美丽且充满腐殖质的表土。树叶掉落会自然分解。动物粪便则定期为循环提供丰富而充满营养的材料。分解者，如蚯蚓，帮助分解一切，年复一年，缓慢地构筑出表层土。

后院堆肥就是复制自然界发生的事情，不过是以集中而受控的方式进行。你正在创造森林地面的腐殖质材料。只是不需要等待几百年。

堆肥的秘密目标

如果维护得当，后院堆肥箱可以包含完整的食物网，有数十亿的生物体协同工作，将食物残渣分解成丰富而美丽的堆肥。

先跟你分享一个小秘密。我们在堆肥时所做的一切，从建造堆肥箱到维护堆肥，都是为了保持堆肥箱中的微生物和大生物的活力。如果维护方式得当，你创造的环境将成为能看到的生物和看不到的生物的理想栖息地。这些生物协同工作，将香蕉皮转化为美丽而疏松的堆肥。为了堆肥成功，我们需要为这些小伙伴提供适量的空气、水和养分，而它们提供的服务会让我们的努力不会白费。

传统的后院堆肥箱创造出美丽的成品堆肥。

大生物体：你能看到的生命

在我们的控制性分解中，蠕虫、千足虫、甲虫等大生物体发挥着重要作用。分解者是我们最喜欢的大生物体，它们会吃下细菌、真菌、腐烂的蔬菜和树叶。这些分解者包括蠕虫、千足虫、潮虫和跳虫。甲虫和大多数其他生物的幼虫也属于这一类。这些生物帮助分解堆肥中的颗粒，然后贡献出它们的粪便。

后院堆肥时，不需要在堆肥中加入蚯蚓（或任何其他生物体）。一旦开始堆肥，它们自然就会来。蚯蚓和其他大生物体会自己蠕动、爬行或跳入堆肥，为堆肥提供宝贵的服务，所需要的回报不过是堆肥中腐烂的东西。

其他大生物体，如蜘蛛和蜈蚣等捕食型生物，也会出现在堆肥盛会中，它们是健康食物网的一部分。这些小小的"猛兽"会吃掉我们最喜欢的分解者朋友，这是生命循环的一部分，不需要担心。除非你在做蚯蚓堆肥（见第5章中的"蚯蚓堆肥"）。

蚯蚓

蚯蚓是堆肥食物网的重量级冠军，它们消耗大量物质，并在这个过程中搅动堆肥，使其通气。蚯蚓挖出的隧道使空气、水和其他生物更深入地进入到堆肥中。蚯蚓的身体就是一个长长的消化系统，它们用砂囊研磨食物，用消化液进一步分解材料。蚯蚓排出的粪便所包含的细菌、有机物和可用氮，比蚯蚓吃下的物质更加丰富。堆肥者喜爱蚯蚓，我想，蚯蚓也喜爱堆肥。

蚯蚓会消耗大量物质，它们的隧道使空气、水和其他生物得以进入堆肥。

微生物和真菌

为了让堆肥箱中的"居民"将食物残渣和枯叶变成丰富迷人的堆肥，你需要将材料物理降解成小块，材料还会进行化学转化。细菌、放线菌、原生动物和真菌履行着必要的化学分解服务。所有这些生物都发挥着各自的作用，不过大部分的工作是由细菌完成的。

细菌

堆肥箱中的细菌类型会因你居住的地方、放入的材料、所处的时节以及你翻搅堆肥的频率而不同。无论你做什么或不做什么，细菌都在那里，覆盖在堆肥中所有东西的表面。这对堆肥者来说是个好消息，因为细菌是地球上适应性最强的食客之一，细菌会利用自身产生的酶来消化面前的任何东西。

这些微生物印证了"活着拼命，死于英年"这句话，通常只有20～30分钟的寿命。但是一个单细胞生物体在短短几个小时内可以产生数十亿后代。你可能上学时学过，一粒豌豆大小的花园土壤里可以包含十亿个细菌。

真菌

生活在堆肥箱中的大多数真菌都是腐生生物，这些生物通过分解死亡或濒死的植物和动物的有机物来获得能量——正是我们在堆肥中所需要的那种分解者。虽然你偶尔会在厨房容器中保存太久的物品上看到一些毛茸茸的霉菌，但大多数真菌的工作是在堆肥的最后阶段开始的，此时堆肥经历了升温过程，已经慢慢冷却下来。

霉菌和酵母都属于真菌，大多时候，你甚至看不到它们的存在。它们是看不见的丝状体，负责分解细菌无法处理的坚硬碎屑。

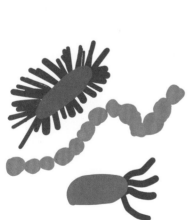

▲ 这些成品堆肥中，唯一可分辨的材料是蛋壳。

◄ 堆肥箱中会发生了很多反应，我们甚至都看不到辛勤工作的微生物朋友们。

放线菌

"你闻起来像放线菌"，这可能是你给予堆肥者的最高赞誉了。放线菌是泥土气息中的土味来源，它们将自己的标志性气味赋予完成的堆肥和新耕的土地。放线菌与真菌相似，但它是细菌，对生产堆肥至关重要。如果你在堆肥表层看到一些像蜘蛛网的东西在蔓延，其实这就是生长在长长的丝状体中的放线菌菌落。

放线菌有特殊的酶，能够分解木质的茎和树皮。虽然这个群体中某些物种在堆肥升温时出现，但它们和真菌类似，往往在堆肥的最后阶段才出现。

我们参与其中

作为堆肥者，你要为这些生物提供栖息地，让它们完成分解工作。食物残渣和枯叶为这个系统提供了材料。物理分解者，像蠕虫和千足虫，为了通行，会把堆肥材料吞下并磨碎。小生物体在堆肥的不同分解阶段介入，最终把苹果核变为堆肥。

我们为这些生物体提供生存所需的水、呼吸所需的空气，保护它们免受极端天气的影响。一年中大部分时间他们都在昼夜不停地工作。我们为这些朋友提供碳和氮的均衡饮食，这是它们成长所需的营养（关于如何做到这点，稍后有更多介绍）。如果我们给大生物体和微生物提供栖息地，它们会成功地制造出成品堆肥。在你收获"棕色黄金"之后，记得向这些微小的堆肥朋友表示感谢。

碳与氮平衡的艺术

后院堆肥者最基本技能之一是如何平衡棕色材料和绿色材料。绿色材料是高氮物质，如果太多，最终会成为一个散发恶臭的烂摊子。棕色材料是高碳物质，如果太多，堆肥的分解速度比在花生酱中跋涉的乌龟还慢。

那么，如何区分绿色材料和棕色材料呢？棕色材料富含碳，意味着它们的碳含量比氮含量要高得多。绿色材料的氮含量比棕色材料高。氮有助于加快棕色材料的分解。

棕色材料和绿色材料大约按照3∶1的比例添加。不必费心地用秤或量杯。堆肥经验多了，就能直观地感觉到正确的平衡。记住，堆肥是宽容的，无论你加多少，这些东西都会分解。

尽量平衡堆肥，棕色高碳材料（如树叶）与绿色高氮材料（如食物残渣）的比例大约3∶1。

大多数后院堆肥的基础材料是干树叶。

什么能堆肥，什么不能

追根究底，一个东西能不能用于后院堆肥，关键要看：它来自植物吗？如果答案是肯定的，很可能可以堆肥。当然，与所有事情一样，这条规则也有例外。

庭院植物枝叶

这包括你在院子里通过耙、割、拔和削产生的任何东西。叶子、草、未结籽的杂草、多余的植物，以及任何比你的小指头还细的东西，都是极好的堆肥素材。

那较大的树枝和木质茎的植物呢？这些也可以堆肥，但大块木头分解要花几年时间。每年当你收获堆肥时，还得把这些烦人的树枝从堆肥中挑拣出来。

如果你有大量的木质材料，再有一把锋利的铲子，可以考虑第4章中的山丘式堆肥法。这种综合堆肥法将木质材料埋在高高的花床下，让木材随着时间慢慢分解。

厨余

这包括来自水果或蔬菜的所有东西。香蕉皮、苹果核和莴苣根都算。遗忘在抽屉里已经黏糊糊的西葫芦？拿去堆肥吧。早晨喝咖啡剩下的咖啡渣？也拿去堆肥吧。

其他来自植物的厨余，如面包、大米和饼干，也可以堆肥。但烹调和加工过的残渣极有可能含有黄油或油，是需要避免的。面包和谷物加入堆肥箱时如果没有被完全掩埋会产生垃圾的气味。

记得用树叶、碎报纸或其他棕色材料盖住食物残渣，避免果蝇和异味。

在食物残渣堆肥器旁边放置一个树叶箱，用树叶掩盖食物残渣时能更方便。

要点：记得用一层厚厚的树叶掩埋厨余。堆肥表面不应该看到西蓝花梗或香蕉皮。掩埋食物残渣能消除异味，还能避免招来讨厌的果蝇。

食草动物粪便

食草动物的粪便和垫草也很适合添加到堆肥中。对成熟的后院堆肥者来说，这些动物包括兔子、沙鼠、仓鼠和老鼠。大多数家养鸟类的粪便也可以帮助你轻松堆肥。

除了家养动物，你还有机会接触到马、牛和山羊等养殖动物的粪便。所有食草动物的粪便氮含量都很高，是后院堆肥的最佳补给，尤其可用于第4章中的融入式堆肥技术。这种高氮物质只需很少，便能在封闭的堆肥箱中发挥很大的作用。

能堆肥的东西

高碳的棕色材料	高氮的绿色材料

高碳的棕色材料

- ▶ 棕色枯叶
- ▶ 枯萎的植物和花朵
- ▶ 稻草
- ▶ 松针
- ▶ 锯末和木屑
- ▶ 碎报纸
- ▶ 碎成小段的灌木
- ▶ 玉米皮和谷壳

高氮的绿色材料

- ▶ 水果残渣
- ▶ 蔬菜残渣
- ▶ 面包、饼干和面食
- ▶ 咖啡渣和滤纸
- ▶ 散装茶和茶包
- ▶ 绿草
- ▶ 绿色植物
- ▶ 食草动物的粪便

从上向下：陈稻草为堆肥提供碳，让堆肥更蓬松，增加空气孔隙，让微生物更活跃。松针如果是棕色，会为堆肥提供碳，如果还是绿色，则提供氮。如果没有棕色树叶，碎报纸也是便捷的棕色材料。

从上向下：咖啡渣为堆肥增加氮，虽然我们觉得咖啡很好闻，它却能让动物却步。割下来的草可以留在草坪上就地使土壤肥沃，也可以耙起来拿去堆肥。

不能堆肥的东西

把错误的材料拿去堆肥，会促生垃圾的气味，招来苍蝇或老鼠，甚至带来健康风险。不应该放入堆肥箱里的东西如下：

▶ 肉和奶制品（参见第5章的波卡西堆肥）

▶ 鱼或鱼的部分身体

▶ 骨头

▶ 油脂、油和脂肪

▶ 木炭灰或煤块

▶ 有病的植物

▶ 杂草种子

▶ 狗或猫的粪便（参见第6章）

堆肥杂草和入侵植物

用杂草堆肥是个人偏好。在我看来，堆肥箱里的材料越多越好。我的理念是，无论多小心翼翼地防范，那些蒲公英毛球都会在空气中传播种子，所以，为什么不割掉杂草，拿去堆肥，获得更多氮呢？

有些堆肥者会尽职尽责地把带种子的杂草从枝叶中分拣出来，避免成品堆肥中包含种子。因为你无法保证堆肥能达到足够的温度把种子完全分解掉。当施用成品堆肥时，也可能在传播杂草种子（而且是传播到完美的生长介质中）。在我看来，这是一个值得承担的风险，但你是否要这么做，得你自己决定。

少数入侵植物（具体物种取决于你居住在什么地区）不会在堆肥中死亡，建议不要把这些植物拿去堆肥，这也是为了大自然好。入侵植物清单可以咨询当地农业部门。

蒲公英和其他杂草为堆肥提供氮。你可以自行决定是否承担堆肥里可能有种子的风险。

零浪费堆肥

非传统堆肥材料

除了水果、蔬菜残渣和庭院植物枝叶外，你还会碰到各种各样可以拿去堆肥的东西。随着堆肥经验越来越丰富，对堆肥越来越痴迷，你可能会把更多东西加入这个清单中。

高碳

► 棉签（仅限棉或纸的棉签，不包含塑料）

► 纸巾

► 烘干机里面的绒毛

► 木灰

► 火柴（当然是熄灭并冷却的）

► 坚果壳

► 旧枕头里的羽毛

► 吸尘器里的灰尘

高氮

► 豆浆和杏仁乳

► 豆腐

► 陈酒和啤酒

► 尿液

非高氮，非高碳

► 蛋壳

► 宠物毛发

► 人类毛发

► 指甲屑

► 老的盆栽土

▲ 蛋壳为成品堆肥增加了重要的矿物质，但它们往往需要很长的时间来分解。

◄ 不包含塑料的棉签会在堆肥中完全分解。

尿液？这是说真的吗？

树叶箱是最适合偶尔添加尿液的地方。

我们当地的水土保持管区进行过一项研究，对七个不同的住宅堆肥的成品堆肥进行了采样。其中一个样本的可用氮水平比其他样本高出很多（327ppm，而平均水平为110ppm）。当他们问房主如何创造出如此平衡的堆肥时，他羞涩地承认经常在树叶堆上撒尿。

是的，尿液是堆肥中的一个奇妙补充（宠物尿液和人类尿液都是）。尿液含氮量高，可作为一种加速剂，帮助富含碳的干树叶更快分解。至于尿液如何拿去堆肥，你自己决定。

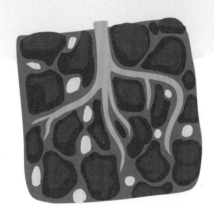

◀ 保持堆肥中完美的湿度，使每个颗粒都被水包裹，并允许空气在材料中流动。

氧气和水分的阴阳平衡

我们堆肥的微生物需要呼吸空气，生存也需要水。然而，一方太多，就会妨害到另一方，所以要保持足够的湿润，为我们的微生物朋友提供生存所需的水分，但又不能太多，否则堆肥会没有氧气。堆肥要像拧干的海绵一样湿，水分形成的薄膜会覆盖在堆肥箱中的每一个颗粒上，颗粒周围有小小的孔隙能容纳空气。颗粒表面这层薄薄的水膜是大多数微生物活跃的地方。

如果你（戴着手套）抓起一把堆肥材料，挤压，应该最多只挤出几滴水。如果堆肥在你手中啪啪作响，干燥松脆地碎开，表明它需要水。如果你能从堆肥中挤出很多水，证明水分太多了。

大多数时候，添加食物残渣是为堆肥提供必要水分的简单办法。如果你生活在非常炎热的气候中，或在夏季的高温期，向堆肥加水有助于保持微生物的活性。大多数

▲ 将材料切成小块，有助于微生物更快地分解这些残渣。

◀ 把水放在桶里静置几个小时，让氯气蒸发后，再把水用于堆肥。

自来水都含氯，为避免氯气危害，可以将水装在桶中，让氯气蒸发几个小时，再浇灌到堆肥上。如果你有集雨桶，也可以使用这里的水。

如果堆肥太湿，可以加入干树叶或碎纸，帮助吸收水分。如果有盖子，只要不下雨，就把盖子打开，帮助多余水分排出。

颗粒大小

颗粒大小是影响堆肥中空气流通的另一因素。想象一下锯末和木屑的大小差异。木屑颗粒之间的空隙要比锯末大得多。锯末为我们的微生物朋友提供了更容易分解的食物（更多的可用碳）。微生物分解锯末颗粒时，会迅速消耗小颗粒之间的空气，如果空气消耗光，就有效地提前结束了它们的盛宴。因此，平衡好空气需求和微生物朋友对快速进食的渴望这两者，你会更快地收获堆肥。

保持材料小块

我们的微型无脊椎动物朋友会吃堆肥箱里所有的有机物，如果想让它们吃得更快，就把那些食物弄得小些。把材料切碎可以增加材料的表面积，供养更多细菌和真菌。切开大的材料（你好，南瓜）或质地密实的材料（注意喽，西蓝花梗），将帮助微生物在更短的时间内创造出成品堆肥。

添加树叶和稻草等干燥的材料,定期给堆肥通气,避免厌氧菌占据主导。

多单元的堆肥箱可以用干草叉来通气。只需将堆肥材料从一个单元叉到另一个单元即可。

好氧与厌氧

并非所有的分解都一样,堆肥中发生的分解分为厌氧分解和好氧分解。水分太多,或没有足够的空气,就会形成只有厌氧菌愿意生活的环境。对于大多数后院堆肥,厌氧菌是坏家伙。(无意冒犯这些小家伙,它们只是在顺其自然。)

厌氧细菌分解材料的速度极慢,产生的气体难闻到让最强壮的堆肥者都把午餐吐掉。厌氧分解换个说法就是腐败。沼泽地的独特气味就归功于厌氧菌,除一些专门的堆肥形式外,我们不会想在自家后院复制这种黏糊糊的、散发恶臭的缓慢分解过程。

如果前文没吓退你,继续看:这种分解主要释放甲烷气体,不像有氧分解释放二氧化碳。甲烷比二氧化碳吸收的热量多,甲烷导致全球变暖的威力比二氧化碳高25倍。

好氧细菌则是好家伙。它们能迅速分解物质,而且几乎没有异味。我们想尽一切努力邀请它们进来,让它们多停留一段时间。

维持堆肥中的空气孔隙

我们深入讨论了好氧微生物,它们完成了堆肥的大部分工作,将垃圾变成奇妙而营养丰富的堆肥。这些爱好空气的朋友们的基本需求之一,当然是空气啦。你加入的食物残渣和树叶越多,堆肥越重,堆肥的各层也会被压得更实,空气孔隙便会被挤得很小甚至没有了,而我们的朋友们需要这些孔隙中的空气才能完成工作。我们需要让空气进入堆肥,好氧微生物才能保持活跃。空气给了微生物繁殖的空间,加快了分解速度。那空气怎样才能进入堆肥呢?

如果用滚筒式堆肥箱,通气很简单:快速转动堆肥器,堆肥就能得到需要的空气。如果你的堆肥系统包含两三个单元(这是为了方便在堆肥箱里转移堆肥),那就调动你的背部肌肉,定期用干草叉给堆肥增加空气吧。多单元堆肥箱或只是一个简单的开放式堆肥堆,你都可以很方便地用干草叉翻堆。将堆肥从一边移到另一边(或将

▲ 滚筒式堆肥箱是最容易翻动并为堆肥添加空气的。

▶ 这个DIY钻头能给堆肥通气，加速分解，不用大面积翻动堆肥材料就能帮助材料均匀分解。

开放式堆肥从一处移到另一处），会给堆肥带来充足氧气。

给堆肥通气

底部开放的传统黑色塑料堆肥箱，用专门的通气工具，短短几分钟的工夫，就能制造出空气孔隙。通气工具一般末端尖锐，有个小金属板或塑料板，向上拉起工具时，这些板子就会张开。尖头棍子也能帮助堆肥通气，只是比用专门工具多费点工夫。如果你这天过得不怎么顺，用尖头棍子捅东西可能会觉得很解气。

在翻动堆肥后，你会注意到，接下来的几天或几周堆肥会升温、缩小。这是好迹象，说明堆肥一切顺利。

你可以自己决定通气频率。每周通一次气，短短几个月后你就能获得A级成品堆肥。每个月通一次气也行，9个月到1年后会得到成品堆肥。我认识一些懒散的堆肥者，他们从不翻动堆肥，但也收获了美丽的堆肥。不翻动的话，确实有使其变成厌氧分解的风险，但每个人的后院、邻居和生活方式不同。

翻动与通气

许多堆肥者，包括我，会将通气和翻动这两个术语混为一谈。有时给堆肥通气会翻动材料，例如用堆肥滚筒，或用干草叉物理移动多单元堆肥箱中的堆肥。不过，大多数通气技术，包括螺旋钻，只是为里面的微生物提供空气。

翻动堆肥，是把堆肥外部的材料转移到比较热的中心位置，以便彻底分解。翻动也确保这些材料能达到高温，杀死杂草种子和病原体。如果想加速分解，堆肥过程中至少要搅拌一次材料。这可能需要把塑料堆肥箱从堆肥上移开，再把所有东西都铲回箱里。即使不翻动，材料最终也会分解，只是没有那么快。

堆肥箱　虽然不是必需的（这点第4章可见），但堆肥箱作为一个容器，能控制和保护材料。堆肥箱有各种形状和大小，第3章将帮助你选择适合你的院子和生活方式的堆肥箱。

曝气机　曝气机可以帮你把空气轻松地添加到堆肥中，比用干草叉省力很多。曝气机的一端通常有个手柄，另一端连接着一个螺旋式钻头，可以把被压实的堆肥变得蓬松，经过的地方会留下空气孔隙。

干草叉或翻土叉　移动粪便和湿堆肥，最好用干草叉。叉子的齿能穿透堆肥，由于材料潮湿，叉起的团块也不会散开。除非堆肥非常干燥，否则用干草叉比铲子或铁锹省力。

传统意义上的干草叉，叉齿更为纤细，专门用来叉像稻草或干草这样轻质材料，比如标志性的画作《美国哥特式》中的那支。由于堆肥较重，这种纤细的叉子可能会被压弯。

严格来说，我用的是一种翻土叉，也是大多数园丁所称的干草叉。它很结实，通常有四五根牢固的齿和一个坚固的木质把手，可以"毫无怨言"地承受一切。本书中我提到的干草叉，实际上指的就是这种翻土叉。

手推车　手推车为许多花园工作提供了方便，收获堆肥时特别有用。把微湿、沉重、丰富的成品堆肥装在手推车里，推着在院子里骄傲地巡游。为了好玩，把堆肥撒入花园前，有时我会欣赏下装在手推车里的堆肥。

厨房收集容器　用一个指定容器收集厨余，便于你用食物残渣堆肥。容器有漂亮的不锈钢款的、竹子款的，也可以直接使用塑料桶，很简单。厨房收集容器可以提醒家人把香蕉皮放进堆肥桶，而不是丢进垃圾桶。

容器的精美程度取决于你的喜好，也可以利用旧咖啡罐或旧黄油桶。果蝇可能通过买来的果蔬进入你家，盖子能帮你阻止那些讨厌的小动物在废品中定居。有把手也很好，但不是必需的。

我家的孩子们每天会吃很多水果，所以需要一个较大的容器，我在常规垃圾桶旁放了一个带脚踏板的小垃圾桶。孩子们还很小的时候，这个小垃圾桶是用来收集尿布的，现在我把它改成了一个食物残渣收集器。当你满手拿着食物残渣走到旁边时，脚踏板就会大显神威。

铲子或锹　一把优质而锋利的铲子可能是你在花园里和堆肥时最好的朋友。收获堆肥时，我会同时拖着干草叉和铲子，用铲子把堆肥撒到花园里，作为地面覆盖物。如果你计划使用第4章中的融入式堆肥技术，铲子也会随时用到。

从左上开始，顺时针：曝气机在堆肥中创造空气孔隙，加速分解。干草叉和手推车是堆肥者的两个非常有用的工具。这种不锈钢的厨余收集器有一个炭过滤器和紧固的盖子，防止气味散发出来，也防止苍蝇进入容器。堆肥过筛可以筛除大块材料，美丽的成品堆肥会落到筛子下面。我用一个带脚踏板的小型垃圾桶收集厨房里的食物残渣。

筛子　过筛时筛出桃核、成团的未完成分解但已经无法辨识的土块、树枝，有时甚至还有农产品上的贴纸。未分解完的东西都可以回到堆肥箱，有一天会化作宝藏。第7章可以阅读到更多关于筛堆肥的乐趣。

手耙或园艺叉　徒手伸进堆肥里，通常是危险的。那些看似没有危害的叶子中可能隐藏着腐烂的、充满蛆虫的瓜。如果你不想碰运气，可以买一个小型手耙或园艺叉。这种手持式工具就像手的延伸，可以用它扒开堆肥顶层，将食物残渣干净利落地塞进堆里，让它们安息。我的堆肥箱旁边放了一个，每天往堆肥中添加食物残渣时都会使用它。

堆肥在反应中

分解是自然发生，也是养分循环的重要部分，在这个循环中，地球上的有限物质发生转化，从死亡转化为生命，周而复始。作为堆肥者，我们试图在后院以某种方式控制这个过程：为我们喜欢的分解者创造最佳的栖息地，将落叶和食物残渣结合起来，希望能产生一些美妙的东西。通常我们会取得成功。

牢记堆肥中做实际工作的"小伙伴们"（例如，细菌、真菌、蚯蚓），有助于成功地维持堆肥系统。我希望它们像派对上的客人一样玩得开心，拥有需要的一切。挖掘堆肥时，我会想象数十亿计的细菌在安静地咀嚼，我会尽我所能支持它们。长远来看，与微生物朋友和大生物朋友的贡献相比，我们这些堆肥者的工作显得微不足道。谢谢小伙伴们，感谢你们让堆肥成为可能！

这种未经筛选的堆肥将成为宝贵的土壤改良剂，里面仍有蚯蚓在啃噬、咀嚼。

厨房收集容器内衬

||||||||||||||||||||||||||||||||

这种简单的内衬可以把食物残渣装成好看且方便的一个包，吸收多余液体，你可以把整包都扔进堆肥箱里，它会成为碳元素的来源之一。再也不用为了把粘在底部的土豆皮和茶叶弄掉，在堆肥箱边上敲打厨房的收集桶。

所需材料：

▶ 黑白报纸 ▶ 剪刀（如果你撕纸的技术很好，不用剪刀也可以）

所需时间：10分钟

动手干吧

1. 将三四张报纸摞在一起。

2. 将一个角向下折到对面的边缘，形成一个三角形。

3. 把三角形外多余的报纸剪掉。(展开三角形，是一个正方形。）

4. 将折线上的一个角（A）折到另一边的中心位置。

5. 将折线上的另一个角（B）向相反的方向折。

6. 三角形的最后一个角（C）两侧都是散开的纸。将几层纸向下折叠，形成一个开口。将剩下的几层纸朝另一侧向下折叠。

7. 从刚折起的地方打开，你就得到一个纸衬。你也可以把它当作一顶非常时尚的帽子。

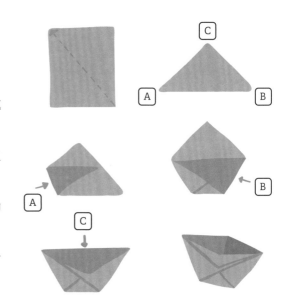

注：DIY内衬折叠说明出自《渥太华绿色堆肥箱》（*Green Bin Ottawa*）。

一旦你掌握技巧，会发现，这个报纸内衬叠起来只比折纸飞机复杂那么一点。

报纸内衬可以保持厨房收集容器的清洁，还能和食物残渣一起拿去堆肥，增加了棕色材料。

问题排解

问题	起因	解决办法
堆肥有垃圾的味道。	食物残渣暴露在外或太接近表面。	每次添加食物残渣时，用树叶掩埋食物残渣。
堆肥有强烈的氨的味道。	堆肥中有太多氮（绿色材料）。	加入高碳（棕色）材料，如干枯的棕色树叶、碎纸或纸板。
堆肥闻起来像沼泽或臭鸡蛋。	堆肥太潮了，水分太多。	将堆肥箱盖子打开，加入干的材料，直到堆肥像拧干的海绵一样湿。
堆肥不分解。	堆肥太干了，或太小了，或需要更多氮。	确保堆肥像拧干的海绵一样湿润，添加更多材料，直到堆肥体积达到90厘米×90厘米×90厘米，添加高氮材料，如食物残渣。
堆肥有大量的树枝或缠在一起的树叶。	材料太大，无法分解。	加入堆肥前，粉碎或打散材料。
蚂蚁、蜜蜂或有恼人的害虫生活在堆肥箱中。	堆肥热度不够，不足以吓退这些不速之客。	翻动堆肥，加入高氮材料，如食物残渣或青草碎屑。
堆肥箱中长出了植物。	要么是因为堆肥已经完成需要收获，要么是因为堆肥不够热。	收获堆肥成品，或给堆肥通气，促使其升温。

快速摆脱果蝇

果蝇虽小，但十分讨厌，它们似乎会凭空出现在厨房收集容器和堆肥箱中，尤其是在夏天。这些小家伙实际上是幼虫或虫卵时你买果蔬带进家的（这是吃苹果之前需要清洗的另一个原因）。除了出动小苍蝇拍外，你还可以采取一些简单的措施阻止或减少它们的骚扰。

如果掀开堆肥箱的盖子，成群的果蝇朝你扑来，你需要掩埋堆肥中的食物残渣。这些小昆虫不会钻到堆里去，也无法在食物残渣上产卵。如果你用树叶覆盖食物残渣，果蝇就会去别的地方冒险。

这些果蝇偶尔还会出现在你的厨房。（别担心，它们也会骚扰非堆肥者。）你可以在厨房采取一些预防措施。

防止厨房出现果蝇的一些办法：

▶ 当厨房出现果蝇时，每天清理一次或数次厨房残渣。

▶ 把锯末添加到厨房收集容器中，覆盖住食物残渣。

▶ 使用有密封盖的厨房收集容器。

▶ 制作一个果蝇诱捕陷阱。

你可以用一个有透明盖子的小塑料容器制作一个简单的果蝇陷阱。在透明盖子上戳几个洞。在容器中放置一块香蕉皮和一些苹果醋，盖回盖子，将容器放在果蝇聚集的地方。苹果醋和香蕉皮的甜味会吸引果蝇从孔里进去，但它们无法再飞出来。如果你可怜被囚禁的小蝇子，可以把它们带到户外（你的后院即可）放生，只是要远离堆肥箱。

香蕉皮和苹果醋会吸引果蝇从陷阱顶部的小孔里飞进去。一旦进去，它们就无法找到出来的路了。

第3章

低维护
户外堆肥

|||||||||||||||||||||||||||

在后院堆肥箱中堆肥

也许最简单、最常见的家庭堆肥，是在后院划定一小片空间来做一个封闭的堆肥容器。本章中有几个项目，你可能会最中意某一个，这取决于你拥有的空间、需要堆肥的材料、希望完成堆肥的速度，以及希望堆肥箱能有多吸引人。

工业品生产的堆肥箱通常都很好用，如果你不愿意自己制作堆肥箱，可以花一点钱购买堆肥箱。没必要因为放弃DIY项目、购买了堆肥箱而感到内疚。你也可以在社交媒体和网上的拍卖平台上找到二手堆肥箱，甚至可能是免费的。

选择适合你的堆肥器

本章将介绍四种基本的DIY后院堆肥箱。如果你没有后院空间，可以跳到第5章。如果想把堆肥直接融入花园里，不使用堆肥箱，请跳到第4章。当然，欢迎阅读本章，学习和欣赏所有时髦漂亮的项目。

用旧腌菜桶改造堆肥箱（第43页）是用低成本的塑料桶创造出功能与商店购买的堆肥器一样的东西，但成本却微不足道。想在不足1平方米的空间内，把厨房垃圾、少量树叶或其他庭院碎屑堆肥，这种堆肥箱堪称完美。

从左上开始，顺时针：工厂预制的堆肥箱用于家庭一般规模的堆肥非常有效，可以用食物残渣和有限数量的树叶堆肥。小型货运托盘改造堆肥箱只需要2小时就能组装完成，所有的厨余和庭院植物枝叶，甚至你邻居贡献的材料，都可以放进去。简易旧栅栏建造堆肥箱需要的工具最少，只需半小时。

零浪费堆肥

小型货运托盘改造堆肥箱（第46页）可以说是腌菜桶的大表哥了。它需要更多空间，但家里大部分树叶、庭院植物枝叶以及厨余残渣都能放进去堆肥。

想要方便移动的东西？旧垃圾桶改造滚筒堆肥箱（第52页）就很棒，既可以在你除草的时候轻松地在院子里移动，也可以藏在角落里不被发现。这个滚筒较小，处理批量堆肥时效果最好。（我稍后会详细解释。）

最后，简易旧栅栏堆肥箱（第54页）为从院子里清理出的树叶和杂草提供了一个堆肥的完美地方。与旧腌菜桶改造堆肥箱搭配使用，堪称堆肥完美双剑。

选址，选址，选址：找到合适地点

在后院中寻找堆肥地点时，要注意以下几点：

▶ 避开过多的阳光或风。

▶ 排水良好。

▶ 来去方便。

阳光充足的地方有助于堆肥升温，但强烈的阳光也可能导致堆肥变干。我发现，长远来看，阴暗或有部分光线照射的地方需要的维护较少，特别是补充水分方面。即使在最阴暗的地方，棕色和绿色材料平衡的堆肥也会升温。和太多光照一样，太多风也会加速堆肥变干，所以在开始堆肥之前要考虑你选的地点是否暴露在强风中。

虽然堆肥要保持湿润，但水分太多也会造成灾难。选择一个排水良好、下雨时不积水的地方。积水会让堆肥变成泥泞发臭的烂摊子。要观察一个地方的排水情况，一个好方法是观察降雨期间和降雨之后的地面情况。如果一个地方在下雨时总形成水塘，要避免在那里堆肥，否则整个后院可能都会散发沼泽的气息。

想象一下，现在是深夜，你正穿着拖鞋清理厨房。你发现厨余桶已经满得要溢出来，此时你需要把厨余送到堆肥箱。堆肥箱与房子的距离有近到可以从门口快速小跑过去吗？冬天呢？你还能跋涉过去吗？记得把堆肥放在离房子很近的地方，即使你很忙或天气不好的时候，也便于你把这些宝贵的食物残渣拿去堆肥。如果堆肥离得太远，你可能总想着少跑一趟，就把那些宝贵的厨余扔进了普通垃圾桶了。

避免潜在的危险地区

树木附近（特别是小树或中型树木）：买下第一座房子后，我把后院堆肥箱设置在贴着房产地界线的地方，邻居院子里刚好有一棵中等大小的树，堆肥箱就在树下，真是太完美了。但第一次收获时，我发现把堆肥箱直接放在树下真是个坏主意。我创

如果把堆肥箱放在离小树或灌木太近的地方，你可能不得不为收获堆肥而战。

造了美丽的堆肥，但是附近的树已经把根系延伸到堆肥里。为了从堆肥箱里取出可利用的堆肥，我花了好几个小时与树根搏斗，不得不砍伐（真对不起这棵树）。那场灾难之后，我把堆肥箱搬到了院子的另一边，远离所有渴望堆肥的树木。根深蒂固的大树似乎并没想要偷窃你的堆肥。

靠着木栅栏：木栅栏可能看起来天生就适合充当堆肥箱的一个面，但是堆肥会分解有机物，即使木栅栏经过处理或涂漆，也是有机物。最终，栅栏将成为堆肥的一部分被分解。我想，如果你的堆肥透过你和邻居家的栅栏跟他打招呼，他会很不高兴。在堆肥箱和木栅栏之间至少要留出30厘米的距离。

直接挨着房子：堆肥会促生各种虫子。虽然我们很愿意在堆肥箱中为这些小爬虫创造空间，但肯定不希望它们进入家里。将堆肥设置在离屋子至少1米远的地方，阻止任何不受欢迎的房客。

零浪费堆肥

旧腌菜桶改造堆肥箱

||||||||||||||||||||||||||||||||

　　将腌菜桶升级改造成堆肥箱的想法来自我丈夫，他曾经用一个旧腌菜桶做了我们家的集雨桶。你可能会问，我们家能吃多少腌菜呢？为什么会有这么多多余的腌菜桶？好吧，虽然我们喜欢这种酸咸爽口的食物，但我是从当地一家腌菜店买的这些二手桶价格不贵，是一个朋友帮我出的主意。如果你没有那么幸运与一家友好的腌菜工厂为邻，可以看看你住的地方附近有哪些食品制造商可能有类似的桶。

　　撇开天才丈夫和腌菜厂不谈，这个奇妙的改造完成的桶与网上买的堆肥箱功能差不多。改造需要的工具很少。另外，我还提供了一些把黑色塑料装饰起来的简单思路，帮助你把这个堆肥箱打造成花园中的一景。

所需材料：

- ▶ 腌菜桶或类似的食品工业用桶
- ▶ 手套
- ▶ 带1厘米钻头的电钻
- ▶ 凿子
- ▶ 竖锯
- ▶ 卷尺
- ▶ 铁丝网
- ▶ 铁皮剪
- ▶ 钉枪和钉子
- ▶ 钳子
- ▶ 锤子
- ▶ 铲子

所需空间： 75厘米×75厘米

所需时间： 2小时

这个旧腌菜桶改造堆肥箱很简单，成本低，可以容纳家庭所有的厨余和树叶用于堆肥。

动手干吧

1. 首先，你需要在桶底部开始变细的靠上一些的位置切割掉桶底部。戴上手套，将桶躺倒侧放，先用电钻或凿子钻孔，孔足够大后，用竖锯锯掉底部。这个边缘最终会被埋在地下，如果切割不完美，也没关系。

在桶底部开始变细的靠上一些的位置用凿子凿孔，然后用竖锯锯开。

在桶的侧面每隔5厘米钻1个气孔。找人固定桶子，防止滚走，这样操作更容易。

2. 接下来，我们在桶的侧面开出通气孔。使用卷尺（如果你追求完美，还可以用水平仪），侧面每隔5厘米标出1个孔。我们开了4行，每行10个孔。在塑料上钻孔会产生细小而卷曲的塑料碎屑，所以最好在车道或容易清扫的地面上进行。

3. 接下来，我们改进盖子。如果你能轻易拧上和拧下盖子，可以跳过这一步，也许只用在顶部钻几个气孔即可。然而，我购买的腌菜桶的盖子有两部分：一个非常紧的内盖，每天取下都要费一番工夫，还有一个有螺口的外圈将内盖固定住。我们去掉了内盖，利用螺口外圈制作了一个"新"盖子。

　　在铁丝网上按照比外圈的空心大2.5厘米左右的尺寸做出标记。用铁皮剪剪成一个圆。将铁丝网从下面贴在螺口外圈上。从上向下每隔5厘米打1个钉子，将铁丝网固定在外圈的下面。钉子多打一些，不要吝啬，这样以后你就不会被铁丝钩住。现在，钉子的尖头会穿透盖子，到了盖子底部。把盖子翻过来，用钳子把尖头弯下来，用锤子敲平。

4. 将堆肥箱推到你想放的地方，标记一下这个地方。移走堆肥箱，用铲子绕着标记挖出5～8厘米深的一个圈，以便固定这个桶。把堆肥箱放进去，用外面的土固定。

将铁丝网钉在外圈盖子上，保证安全。　　将堆肥箱埋进土里几厘米深，让它更稳固。

　　把堆肥箱埋进地下几厘米帮助它稳定，还能防止以后好奇的生物打翻堆肥箱。用30厘米厚的树叶（最好切碎）作为堆肥的开始，然后根据需要不断添加材料。这种堆肥箱没有太多自然气流，需要每隔一段时间用通气工具或棍子通气。由于它能保持水分，雨水也能打在顶部，所以大多数气候条件下不需要浇水。

　　你可以直接使用这个堆肥箱，也可以发挥创意，按自己的喜好把外面装饰一下。我在当地的五金店找到一种能用在塑料上的"赤土色"喷漆，我在这个项目上试了一下。只花了15分钟就完成了堆肥箱的喷漆，而且挂漆出奇地好。你可以随心所欲地喷涂花、叶子、条纹、圆点、之字形、地精、袋熊。我猜，过几年后，这种漆会褪色，需要重新喷一下。

　　要从这个堆肥箱里收获堆肥，只需把桶抬起来，就可以看到里面的材料。第7章将详细介绍关于收获和使用成品堆肥的知识。

小妙招

切割下来的桶底可以做花盆或收纳容器。我6岁的女儿把桶底当成玩具娃娃的游泳池。

小型货运托盘改造堆肥箱

想让堆肥变得尽可能容易的人请举手！如果你的后院有一个1米×1米的空间，你也有几个小时闲暇时间，你可以很骄傲地成为这个很酷的货运托盘改造的堆肥箱的主人。近来，人们似乎热衷于用货运托盘改造很多东西，从时尚的草坪家具到沙发背后时尚的主题墙。为了让项目尽可能简单易行，我们在使用货运托盘时基本不做改动，保留其原貌，但大家可以在此基础上自由发挥，把堆肥箱打造得更有吸引力。

使用货运托盘来改造堆肥箱有很多好处。货运托盘很容易找到，而且通常能找到免费的。尺寸完美，木材已经经过切割，板条之间的空间能提供巨大的气流，这意味着能更快完成堆肥。

在哪里可以找到货运托盘？先问问你工作地点的后勤工作人员。运气不好没有找到？有些小企业收货后可能会把货运托盘直接扔到垃圾箱，所以要多问问。我在居住地的回收中心外面看到一堆货运托盘，经过同意后，我就拿了几个。如果你在社交媒体上求助会大吃一惊，发现原来有这么多人有旧的货运托盘要处理。

寻找采用热处理而不是化学处理方式保护木材的货运托盘。经过热处理的货运托盘通常在某处印有"HT"字样。二手货运托盘很理想，因为我们给了它第二次生命，但要寻找颜色较浅的。货运托盘的第一段生命非常辛苦，但一般浅色的货运托盘经历的风化和严酷对待较少，颜色稍深的不太结实，很容易腐烂。

尽量选择尺寸接近的货运托盘，这样就很容易组合在一起。货运托盘的高度要尽量相同，要有成对的长度相同的货运托盘，以便作为对边使用。尽可能做一个接近正方形或长方形的东西，而不是一个摇摆不定的多边形。

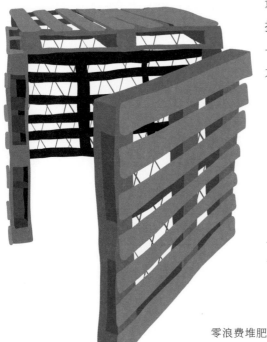

◀ 一个开关方便的前面板能让你更方便地从货运托盘改造堆肥箱中收获堆肥。

零浪费堆肥

所需材料：

- ▶ 手套
- ▶ 4个货运托盘
- ▶ 螺钉
- ▶ 电钻
- ▶ 细铁丝网或钢丝网
- ▶ 钉枪和钉子

- ▶ 铁皮剪
- ▶ 4个羊眼螺栓或插销
- ▶ **可选：** 户外着色剂，金属合页，做盖子用的第5个托盘

所需空间： 1.2米 × 1.2米

所需时间： 3小时

动手干吧

1. 选一处平坦的地面，有足够的空间容纳堆肥箱，并确保前面板可以打开。戴上手套，将4个货运托盘摆放好，确保能拼合在一起。货运托盘板条距离较近的一面朝外。板条最好能水平放置，确保材料能更好地稳定在箱内。如果货运托盘拼合得足够好的话，板条垂直放置也没问题。

2. 将左侧和后面的托盘拼成直角，在顶部和底部用螺钉连接起来。用同样的方法将右侧的托盘连接到后面的托盘上。用比螺钉直径小一些的钻头预钻孔，减少木材开裂。

3. 用细铁丝网、钢丝网或其他坚固的网状材料垫做内衬，固定在三面上。这个工作用钉枪最方便。用铁皮剪把网状材料剪成合适的尺寸。网状材料的顶端比堆肥箱顶部低2.5厘米，避免堆肥过程中被冒出来的恼人铁丝或钢丝划伤皮肤。

用二手货运托盘改造堆肥箱，既省钱又省时。

寻找有"HT"标记的货运托盘，这意味着采用热处理方式保护木材，而不是用化学品处理。

用螺钉将托盘固定起来，可能需要找角度钻孔。

用钉枪将铁丝网固定在三面内部。这种网比只用托盘更能保持住堆肥材料，还能阻止不受欢迎的客人进入堆肥箱。

将羊眼螺栓固定在前面板的四个角上，这样收获堆肥时你就能轻松移开这块托盘了。

4. 用第4个托盘做前面板。剪下一块符合前面托盘大小的细铁丝网或其他金属网，把它钉在里面。同样，顶部距离托盘顶部2.5厘米。

5. 把前面托盘的四个角用羊眼螺栓或插销与其他面连接起来。这样你就能方便地打开堆肥箱进行收获。一般每年只打开一两次，所以你也可以用螺钉直接拧上，收获的时候再拧开。

噔噔噔噔！现在你有了一个新鲜出品的货运托盘堆肥箱，随时可以使用。如果你担心有小动物到堆肥里闲逛，可以做一个盖子防止它们进入。盖子要足够大，能盖住四边，又要足够轻，方便随时抬起。你肯定也希望雨水能从盖子上轻易滑落，不形成积水。

可选的盖子：要制作盖子，就像你在其他托盘上做的那样，在托盘的内部衬上铁丝网。用合页将盖子与一个侧边或背面固定在一起。我发现当把食物残渣添加到堆肥中时，侧开的盖子更容易操作。

如果空间充足，可以创建一个两单元的堆肥箱，这样一个堆肥箱在反应过程中，你就可以往另一个中添加材料。在收获章节，我会说明只有一个堆肥箱如何收获堆肥。不喜欢托盘的原木外观？可以给它涂上颜料，看起来更精美。不要在堆肥箱内部染色，避免不必要的化学品进入堆肥中。托盘还可以充当很好的棚架，你可以在堆肥箱两侧（不要在前面）种植一些藤蔓植物，把堆肥箱伪装起来，与花园融为一体。

将一个托盘作为盖子，防止动物进入堆肥箱。

这个小型旧货运托盘改造的堆肥箱有足够的空间容纳你所有的庭院枝叶和食物残渣。

顺利开局

有了堆肥箱，选定堆肥地点之后，你会迫不及待开始堆肥盛宴了。先放60～90厘米厚的切碎的棕色树叶，给堆肥提供很好的底层材料，促使堆肥分解。切碎的叶子分解得更快，如果你不在乎堆肥时间的长短，添加整片叶子也可以。

把厨余残渣放进去堆肥时，记得用一些叶子盖住厨余，不要有厨余残渣露在外面。院子里拔完的杂草或修剪下来的植物枝条，都可以拿去堆肥。在堆肥顶部洒一铲子健康的花园土壤（不是买的袋装无菌土），可以导入分解生物。持续将食物残渣添加进来，用树叶埋起来，不久，微生物和大型生物就会在堆肥中繁殖，让堆肥活起来，热闹起来。

用一层厚厚的树叶启动堆肥箱，给堆肥一个良好的基础层。

自己制作堆肥箱

有些读者更愿意用在二手建材市场或五金店找到的材料建造堆肥器，而不是一步一步地跟着我的说明来做。我整理了一些设计和建造堆肥箱时需要记住的事项，供各位参考。

你的堆肥箱需要具有以下特征：

- 尺寸90厘米×90厘米×90厘米
- 底部开放与土壤直接相接
- 防范动物
- 便于随时添加厨余
- 空气流通，通气性好
- 允许雨水从顶部渗透，或封闭式地保持水分
- 有吸引力（取决于个人品位）

有些东西你不希望用在堆肥箱上，在二手建材市场寻找材料时，要避免：

- 任何会迅速分解的东西（否则很快你需要重新建堆肥箱）
- 可能污染堆肥的物品，如涂有铅漆的东西。我的建议是避免任何油漆过的东西
- 易碎的材料，如旧的玻璃双开窗（玻璃砖可能能用）

我和我丈夫逛二手建材市场时，讨论过什么东西可以造出好的堆肥箱。百叶窗（尤其是铝的）、塑料乙烯基护墙板、铁路枕木、剩余的铺路石、门，都是很好的选择。我们讨论了如何用五金器具连接这些材料，如何收获堆肥，它在院子里怎么移动，还是固定在某个地方。设计堆肥箱时，你还要考虑储存树叶的运送问题。如果二手市场找不到你需要的东西，可以去五金店逛逛，特别是五金或工具。

在二手建材市场购物，可以实现低成本堆肥。

这些剩余的铺路石可以建造一个简单的堆肥小隔间，一边是开放的，便于翻动。

滚筒式堆肥箱

滚筒式堆肥箱好比冷门明星，有一群忠实粉丝。这种堆肥器通常是桶型装置，可以旋转、滚动，增加堆肥的空气。如果懂得维护，滚筒可以快速产出成品堆肥。

与其他方法相比，滚筒堆肥需要更多"动手"操作。优点是方便转动，这意味着添加空气的频率比传统堆肥箱更勤。添加空气有助于激活好的细菌，促使堆肥材料迅速升温。有堆肥者称，他们使用滚筒只需几周就能收获成品堆肥。

使用滚筒时，堆肥者容易犯的错误是加入太多厨余，而没有足够的棕色材料。如果没有干燥的棕色材料来平衡，厨余很容易变成一个黏糊糊的烂摊子。

需要仔细监测滚筒的湿度。地面堆肥器的优点是，如果水分太多，很容易排入土壤。即使有排水孔滚筒也会积聚过多的水（变成一个烂摊子）。抓一把堆肥（记得戴手套）如果能挤出很多水，就太湿了，需要立即添加碎纸或叶子。

由于滚筒与土壤接触有限，不能像传统堆肥箱那样得到微生物的帮助，铲一些院子里的优质活土或购买有益的微生物加入堆肥桶中。第一批堆肥完成后，记得保留一点堆肥做新堆肥材料的引子。

滚筒式堆肥，收获前3周不要再往箱内添加材料。滚筒做批量堆肥时效果最好。批量堆肥是指一次性加入大量的材料，而不是一次加入一点。你肯定不会在饼干烤到一半的时候把它从烤箱里取出来加材料，同样，在滚筒堆肥分解的过程中也不要再加入堆肥材料。开始新一轮滚桶式堆肥前，可以先把食物残渣冷冻储存，也可以采用第4章中的坑式堆肥或沟式堆肥。

小妙招

批量堆肥，也就是一次加入大量的材料，可以加快分解速度，因为材料多升温更快。批量堆肥在滚筒和热堆肥法（第4章有介绍热堆肥）中效果很好，但你可以把这个概念用于任何方法。要得到更多的材料，你需要有计划地把食物残渣冷冻储存，也可以从附近的咖啡店收集咖啡渣。

一次性加入大量材料，材料会在滚筒中迅速分解，产生堆肥。

旧垃圾桶改造滚筒堆肥箱

如果你想使用滚筒式堆肥箱，又觉得价格太高，这个DIY项目就是为你准备的。利用已有材料，半小时就可以改造出一个能滚动的滚筒，尽管"貌如垃圾"，但运作良好。"貌如垃圾"其实是说用旧垃圾桶改造的，如果不符合你的审美，可以把它放到不显眼的地方。

没有多余的带盖垃圾桶怎么办？可以通过社交媒体向邻居和朋友求助。你会发现原来身边有多余垃圾桶又不舍得扔掉的人这么多。

所需材料：

▶ 1个带盖的塑料垃圾桶，容量60升

▶ 肥皂和水（如果使用旧垃圾桶）

▶ 手套

▶ 电钻和9.5毫米的钻头（或差不多的）

▶ 2根弹力绳

所需空间： 60厘米×60厘米

所需时间： 半小时

动手干吧

1. 如果改造用的桶装过垃圾，用肥皂和水把它清理干净。没有理由从一个发臭的桶开始。

2. 戴手套，在桶的侧面每隔5厘米钻一个孔。我们在两个相对的侧面上各钻了12个孔。

3. 在底部最低点钻孔，便于堆肥箱直立时，液体从底部排出，不会聚集在底部。

4. 先在桶里装上碎树叶或其他棕色材料。如果食物残渣和庭院植物枝叶足够装到3/4满，你就可以开始批量堆肥了。也可以先把现有材料放进去，以后再添加更多。

每隔5厘米钻一个孔，便于空气流通。

在底部钻孔，便于液体轻松排出。

加入滚筒的棕色材料和绿色材料比例为3∶1到2∶1。

要转动垃圾桶改造的滚筒，只需将它倾斜放倒、滚动即可。

5. 弹力绳绕过盖子，拴在侧面的把手上，固定住盖子。如果垃圾箱没有把手，可以用电钻在箱体上开孔来固定弹力绳。

6. 把滚筒放倒并滚动就能转动堆肥。每周至少转动一次。

如果桶内装了3/4的东西，坚持每隔几天滚动一次，一个半月至两个月就可以收获堆肥。如果是逐步添加材料，棕色材料与绿色材料最好保持2∶1的比例。每周转动堆肥箱，随时添加材料，材料装到3/4满的时候，停止添加材料，继续每周转动，一两个月后就可以收获堆肥。

简易旧栅栏堆肥箱

||||||||||||||||||||||||||||||||

栅栏式堆肥箱最容易上手。相比直接在地上堆肥，栅栏式堆肥迈出了一步，将树叶和庭院植物枝叶保存在一个漂亮的封闭区域，又不会很扎眼，破坏风景。铁丝箱及其同类产品都是非常好的容器，可以容纳每年的落叶和修剪掉的树枝。把这些材料装在一个特定的区域，可以加速其分解，并有助于维持庭院的整洁。

金属栅栏甚至塑料栅栏都可以用来建造堆肥箱，然后用随便什么紧固件把堆肥箱固定住，金属线、登山扣，甚至麻花绳都可以。

需要注意的是，栅栏式堆肥箱并不是食物残渣的最佳堆肥场所。松鼠、浣熊、老鼠和鹿会来对这些剩饭大快朵颐。如果你不想喂养当地的野生动物，栅栏式堆肥箱就只添加树叶和庭院植物枝叶吧。如果一定要添加食物残渣，就把它们埋进树叶深处，降低堆肥箱对觅食小动物的诱惑力。

用旧栅栏建造树叶堆肥箱很容易。你花在收集材料上的时间可能比实际建造用的时间要多。根据院子里每年的落叶量，建造一个多单元或更大的堆肥箱。一个高和直径都是90厘米的树叶箱容量相当于5个编织袋。高90厘米、直径120厘米的树叶箱容量相当于9个编织袋。

树叶在树叶箱里会迅速沉积，一两个月间体积就会缩减一半。运气好的话，到你下次耙树叶时，满满的树叶箱就已经腾出很多空间了。

下面介绍如何建造直径90厘米的堆肥箱。如果想建造直径120厘米的堆肥箱，需要4米长的铁丝栅栏，基本步骤相同。

所需材料：

- ► 手套
- ► 卷尺
- ► 高90厘米、长3米的铁丝栅栏
- ► 铁皮剪
- ► 束线带

所需空间： 90厘米 × 90厘米
所需时间： 不到半小时

动手干吧

1. 戴手套，测量出3米长的铁丝栅栏。镀锌钢很容易操作，而且能在院子里保持坚固和笔直。

如果要造一个直径90厘米的堆肥箱，需测量出3米的铁丝栅栏。部分栅栏要重叠起来，这样更结实。

用铁皮剪将栅栏剪成合适的尺寸，至少3米长。

用束线带或手头的其他紧固件固定堆肥箱。

2. 用铁皮剪剪断栅栏，尽可能在交叉点附近剪，这样小金属尖就不会钩住你的衣服或皮肤。金属很锋利，戴上手套，小心切割。

3. 把铁丝栅栏围成一个直径90厘米的圆形。部分栅栏要重叠在一起，这样堆肥箱更结实。

4. 用束线带将栅栏的重叠部分固定。

5. 把堆肥箱移到你想放的位置，然后装填树叶。

　　收获堆肥时，只需把堆肥箱从树叶上抬起来，把外围还没有完全分解的树叶拿开，就可以收获堆肥。土壤科学家和园艺家把由树叶制成的成品堆肥称为腐叶。虽然腐叶没有传统堆肥所含的高价值氮和其他营养物质，但它质地结构奇妙，有助于改善土壤，提高植物的保水能力。

把树叶装在栅栏堆肥箱，是最简单的堆肥。

如何加速树叶分解

无须帮助，叶子会自然分解。但树木种类不同，所需时间也不同，有的分解过程需要几年。通过一些技巧，就可以把秋天落叶变成春天的肥料。

先把树叶弄碎，可以用割草机或草坪修剪机在树叶中扫荡一番。如果你真想乐在其中，可以买或租一个碎叶机，就像一个小型粉碎机，但只限用于树叶。叶子变小后，大生物体和微生物能更快地将其分解。

接下来，添加高氮材料，最好是咖啡渣。大多数动物不喜欢咖啡渣的气味。不会像其他食物残渣那样吸引讨厌的不速之客，但堆肥会得到氮的帮助，加速分解高碳的树叶。堆积树叶的过程中，逐层撒上咖啡渣比最后把咖啡渣扔在最上面更有效。当地咖啡店会很乐意与园丁和堆肥者分享店里的咖啡渣，因此你不需要为此特意冲泡很多咖啡。

最后一个提示：在树叶堆中加入尿液。尿液中含有大量可用的液态氮，可以立即发挥作用，帮助分解树叶。当然，在如何将尿液加入到树叶堆的问题上要谨慎。直接把尿撒在树叶上可能会让邻居们瞠目结舌。

把废弃的咖啡渣和树叶混合在一起，可以造就美丽的堆肥。

第**4**章

将堆肥
融入花园

在堆肥箱之外堆肥

许多城市和郊区的堆肥者选择用封闭的堆肥箱堆肥，这样做好处在于，可以将所有有机物放在一个整洁、可控的空间。如果你有更多空间、更多想法，可以把堆肥融入花园。一旦摆脱了堆肥箱的束缚，你就可以自由地堆肥，想堆多少堆多少。让我们来看一些经过检验、行之有效的技术吧。

坑式堆肥和沟式堆肥

在业委会或当地禁止堆肥的地区，有人会选择这种方法低调地堆肥。将食物残渣埋在地下，堆肥材料进行分解的同时，可以防止地上的小动物进入堆肥，还能隐藏堆肥证据，掩盖腐烂的残渣散发出的所有气味。还有一个好处是，一旦这些材料分解成为堆肥，就已经融入花园，不需要收获堆肥或费力把堆肥撒入土壤。

地下堆肥很可能会出现厌氧现象。由于材料在地下，空气最终会耗尽，你只需要在上面盖上一层优质土壤，耐心等待就行了。土壤会掩盖气味，只要时间充足，材料最终会被分解。

融入式地下堆肥的最佳地点是菜园，或来年的景观花床上。坑式堆肥和沟式堆肥可以改善腐殖质材料少的土壤，如重黏土或沙质土壤，增加植物根部的营养，改善土壤结构。

你可以把坑式堆肥设置在需要补充营养的花坛中。寻找现在没有植物但来年可能要种植的地方。

坑式堆肥能帮你改良贫瘠的土壤，同时也不会被邻居发现。

沟式堆肥可以根据院子大小和添加食物残渣的频率进行调整。坑式和沟式的唯一区别是形状。你可以把坑式堆肥看作地上有一个圆洞，沟式堆肥更像一个长方形。多尝试几种方法，你可能会探索出适合自己生活方式的堆肥技术。

坑式堆肥

坑式堆肥需要挖一个至少30厘米深的坑（如果你喜欢挖掘，可以挖到60厘米深），然后用食物残渣和树叶填充10～15厘米厚。把挖出的土壤填回坑里，填平。坑式堆肥没有沟式堆肥那么需要讲究条理。你只需在花园挖个坑，把几天的厨余放进去，再埋起来即可。这是一种"随挖随放"的方法。

坑式堆肥最难的部分（如果你觉得这是难题的话），就是记住你在哪里挖的坑，这样你挖新坑时就不会挖到未完全分解的堆肥材料。如果这个问题让你烦恼，可以用冰棍的棍或其他标记物来做标记。你甚至可以在棍子上写上日期，这样你就知道什么时候在这里埋的材料。

选择花园中一块目前没有被使用的区域。在堆肥材料分解过程中，会暂时从周围的土壤中吸取氮，这可能会影响周围的敏感植物。

坑式堆肥

||||||||||||||||||||||||||||||||||||

选择明年种植、需要更多腐殖质材料的花坛，进行坑式堆肥效果最好。

所需材料：

▶ 铲子

▶ 冰棍的棍或其他标记物

▶ 强有力的背部

所需空间： 每个坑30厘米×30厘米

所需时间： 15分钟

坑式堆肥或沟式堆肥的第一步是挖一个30厘米深的坑。

把食物残渣和棕色树叶添加到坑底。

动手干吧

1. 挖一个至少30厘米深的坑。

2. 加入10～15厘米厚的食物残渣和树叶到坑底。

3. 将土回填，用冰棍的棍做标记。6个月到1年后，可以在上面种植植物。

用15厘米厚的土覆盖坑或沟，等待至少6个月，再在这里种植。

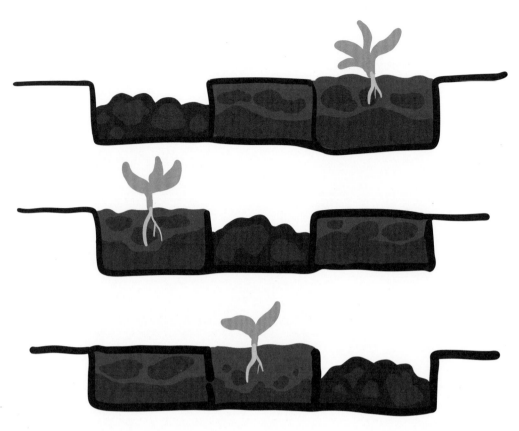

简易花园轮沟让你在轻松地进行园艺的同时改良土壤。

简易轮沟

　　如果你的菜园是成行种植的，可以把沟式堆肥分为两个阶段。在一季里，在行间位置（也就是你平时走的地方）挖好沟渠，把食物残渣和树叶埋在里面。这样，你再次种植前，这些残渣有几个月到1年的分解时间。第2年在已经得到改良的行上种植，在前1年种植的行上挖沟加入食物残渣。轮沟堆肥可以改良土壤，是一种简单的、便于标记的沟式堆肥方法。

深沟堆肥

　　另一种方法是挖45～60厘米的深沟。当土壤非常贫瘠、需要改良时，这种方法最有意义。

深沟堆肥

确定在哪里挖沟后，先挖一个小坑，确认该区域没有大量岩石，岩石太多会减缓挖沟进程。如果几次尝试，发现都是充满岩石的土壤，你不得不接受事实，只能在岩石上动工。

所需材料：

▶ 铲子

▶ 防水布或纸板（可选）

▶ 临时保护性屏障（可选）

所需空间： 180厘米×90厘米

所需时间： 1~3小时（取决于土壤，以及你中途小歇次数）

动手干吧

1. 挖一条深沟，深度至少45厘米。长度1.2~1.8米，足够一个人躺在里面。在沟的旁边铺一块硬纸板或防水布，把土挖出来放在上面，这样，放完食物残渣再回填时会轻松些。

2. 在沟中加入食物残渣，分层加入树叶和其他堆肥材料，如修剪下的植物枝条。

3. 盖上2.5厘米厚的土。如果需要的话，用保护性屏障暂时覆盖沟渠，如栅栏。

4. 接下来的几周继续分层加入堆肥材料，直到离顶部只有13厘米。

5. 填土，填满13厘米深的空间。顶部再多堆些土，以备材料分解后沉降。

6. 等待6个月至1年后，再在沟顶上种植。

利用深沟堆肥法，可以一次性做足挖掘工作，几周内都使用同一条沟堆肥。根据居住地的土壤条件和基岩，挖45厘米深的沟，光凭一把铲子可能会很困难。选择在未冻结的土壤上挖沟。如果岩石或难以穿透的黏土太多，需要你用锋利的铲子多费些工夫。想到能为植物提供肥沃的土壤，出点汗也是值得的。

沟式堆肥的预期效果

严格来说，这种类型的堆肥属于冷堆肥，通常是厌氧的，比采用热堆肥需要更长的时间来分解材料。埋在沟里的东西6个月内会变得难以辨认，具体时间取决于堆肥材料的类型、土壤中的生物体、季节和气候。在温暖、潮湿的气候下，小块的堆肥材

防止小动物进入深沟

在沟的顶部盖上13厘米厚的表土，可以阻止大部分多事的动物邻居挖到堆肥。然而，采用深沟堆肥，有一段时间只有2.5厘米厚的土壤覆盖在食物残渣上，有时长达几周都要如此。如果你院子里经常有浣熊、松鼠，包括狗活动，你需要更多防御措施来保护堆肥。

加入2.5厘米厚的土壤后，用细铁丝网或你手头现有的栅栏暂时盖住这个区域，用厚纸板也可以。然后，用石头或我们的动物朋友抬不起来的其他重物压住两边。探索身边能用的工具，自由发挥创意。有一个园丁朋友，在添加完食物残渣后，会用一扇厚重的旧门板盖住花园里的堆肥沟。

除了物理屏障，也可以设置嗅觉屏障。在土壤上覆盖一层咖啡渣，不仅能提升堆肥的效果，还可以阻止动物挖掘。氨也可以作为一种嗅觉威慑。人类和野生动物大多不喜欢氨的刺鼻气味。你可以在堆肥上放一个装着氨水的小型敞口容器，或者在附近绑上浸泡过氨水的破布条。氨水会灼伤植物，注意不要让氨水接触到植物。

料一两个月内就会分解消失。这是冷堆肥，因为微生物活动少，而且堆肥一般不会升温，分解时间更长。检查堆肥是否成熟的一个简单方法是，拿出铲子，挖一挖。

坑式堆肥和沟式堆肥在沙质土壤中效果很好，因为食物残渣中的水分容易排走。在炎热、干燥的气候下，地面堆肥的话，要维持堆肥湿润很难，这种情况下采用坑式和沟式堆肥就很好。不过，各种类型的土壤都可以采用地下堆肥，只是有的堆肥者需要花费更多工夫和使用更锋利的铲子。

即使是地下堆肥，也要注意堆肥材料碳和氮的混合。只添加食物残渣比同时添加干树叶或其他棕色材料的分解速度慢。

通常要等1年才能在堆肥的位置进行种植。高碳材料会调用土壤中的氮储备来进行分解。而高氮材料可能会将氮以错误的形式直接释放出来。等待1年，确保材料分解之后再种植，植物可以获取到氮。如果你一定要在这里种植，用土壤覆盖堆肥材料前，加入骨粉或血粉，以提高氮含量。

地下堆肥的一个缺点是，堆肥温度可能不足以杀死食物残渣或植物中的种子。你可能会发现，辣椒和西红柿植株从腐败的厨余中冒了出来。如果这些冒出来的植物让你困扰，可以把沟挖得深一些。大多数种子在深度30厘米以上的土壤中会腐烂，不会再发芽、钻出地表。

非洲锁孔花园

成品堆肥能为花园带来很多好处，如果在堆肥分解的过程中也能从中获得好处呢？非洲锁孔花园将堆肥设置在小规模高花床的中心。高花床上的植物受益于堆肥释放的营养丰富的径流和堆肥所吸引的很多大生物体和微生物。堆肥受益于高花床的保温效果。二者共享生物体。每一方都能从中获益，包括你。

非洲锁孔花园的建造没有任何限制，只会受限于你的想象力。手边的材料或边角料都可以用，像砖头、石头和铺路石。关键是创建一个中间有堆肥箱的高花床。堆肥箱用金属丝或网状物制成是最理想的，便于水分和生物体在堆肥和周围土壤间轻松转移。

顾名思义，非洲锁孔花园起源于非洲，是一种密集种植蔬菜的方式，可以保持水分，减少浇水需求。在炎热、干燥的气候下，建造一个这样的园圃最合适不过，高出的花床还可以供我们欣赏美景。

◀ 非洲锁孔花园中心的堆肥箱为周围的花床提供养分和水。

▼ 这个建造完成的非洲锁孔花园将为高花床上的植物提供水和养分。

非洲锁孔花园

||||||||||||||||||||||||

与其创造一个完美的圆形花床，不如在圆上开一个锁孔，便于人靠近中心的堆肥箱。这样一来，你可以轻松走到堆肥处添加材料，而不需要使劲探出胳膊越过花床。

所需材料：

► 手套

► 铲子

► 绳子或测量工具

► 中央的堆肥箱（铁丝栅栏就很好）

► 外墙材料（如砖块、石头、木头）

► 土

► 创意

所需空间： 1.8米×1.8米

所需时间： 4小时

动手干吧

1. 戴上手套，清理出花床区域，测量出两个圆圈。内圈是堆肥区，直径30～90厘米。外圈直径1.8米。

2. 在外圈开一个锁孔挡片形状的缺口，大小足以让你接近中心的堆肥处。

3. 首先创建堆肥筐或堆肥箱。一个简易金属网卷成的筒形就很完美。我见过乌干达人用结实的竹竿和可弯曲的树枝巧妙地编织出内部的堆肥筐。你可以利用容易获取的材料。记住，这个堆肥箱要有足够的承重强度，因为它最后会被土围住。如果是铁丝网，可以用木片垂直固定在网上来加固，也可以把网多卷几层增加承重强度。

创建一个锁孔或凹槽，方便人接近堆肥箱。

非洲锁孔花园的建造者一般会在花床的底部和侧面铺上一层厚厚的纸板或其他防水材料，然后再加入土壤。在炎热、干燥的气候下，这层材料可以保持水分。在温带地区就没有必要了。你也可以在底部铺上木棍，方便排水，还能发挥一点山丘式堆肥的作用（第68页）。

4. 建好结实的堆肥箱后开始建造外墙。你可以用砖头、石头、铺路石或任何能堆成环形的材料来打造花床。我们用的是最近砍的一棵树上的原木。不过木头几年就会分解，这也决定了这个非洲锁孔花园的寿命。如果你想要一个更长寿的堆肥箱，可以使用石头、混凝土、金属或塑料。

可选：如果土壤能从外墙漏出来，可以用景观材料或稻草做一圈内衬。

5. 先用材料填充堆肥箱，增加堆肥箱的强度。再加入常规堆肥材料即可。

6. 用土壤和成品堆肥填充周围的花床。

7. 种植你想种的东西。许多非洲锁孔花园里会种植蔬菜，也可以种植鲜花、香草或你喜欢的小型景观植物。花床需要浇水时，给中间的堆肥箱浇水，水会流向花床的其他地方。

铁丝围栏创造了一个耐用的内部堆肥箱，营养物质会从堆肥箱流向周围的花床。

有的非洲锁孔花园的墙体不高，有的则有90厘米高，甚至更高。花床高度取决于你的景观和资源。如果外墙较高，可以用更多土壤填充花床，这样能从内部的堆肥箱获得更多好处。我也见过较矮的外墙包围着一个小土堆，土堆顶部是中间的堆肥堆。

你偶尔需要从内部的堆肥箱中挖出成品堆肥，频率取决于花床的高度。对于大多数构造而言，每年挖一次即可。只需要确保堆肥箱有充足的空间继续添加可堆肥材料即可。

用土壤和成品堆肥填充花床。可以添加一层腐败的木材和树枝，以便从"山丘式堆肥"中获益。

非洲锁孔花园中心的堆肥会持续为周围的植物提供营养和水分。

山丘式堆肥

大多数后院堆肥方法对大树枝和原木避而远之，因为这些材料分解时间很长。山丘式堆肥则不然，它以腐烂的原木为基础，在上面堆肥，支撑起高花床。山丘式堆肥利用木材缓慢的腐烂过程，给地面植物长期供应营养。德国人和东欧人使用这种技术已经几百年了。生态文化专家最近对这种堆肥方法加以完善，鼓励人们仿效。

长期进行山丘式堆肥的园丁说，腐烂的木材和其他堆肥材料除了产生养分，还会产生热量，延长植物的生长季。树枝和木材的分解能使土壤通气，免得园丁翻土了。腐烂的木材像海绵一样，下雨时吸收水分，天气干燥时慢慢释放水分。大多数植物会对这种缓慢释放的补水方式心存感恩。

你可以将山丘式花床建成一个土堆，也可以作为高花床的组成层级。你可以根据需要决定建多大花床。传统的山丘式土堆很大，但我们大多数人的院子没有这么大空间。

◀ 山丘式土堆中分解的木材为花床提供营养和水分。

▼ 使用已经开始分解的木材会让山丘式堆肥和花床很快受益。

零浪费堆肥

山丘式花床

||||||||||||||||||||||||||||||||||

建造山丘式花床需要投入一些时间和辛劳，但想到未来20年都能从中获益，也很值得。

所需材料：

▶ 纸板

▶ 锋利的铲子

▶ 硬木和软木的原木、树枝

▶ 堆肥材料（草、修剪下的植物枝条、粪便等）

▶ 成品堆肥

▶ 土壤

▶ 地面覆盖物

所需空间： 至少1.2米×1.2米

所需时间： 2~3小时

动手干吧

1. 首先，确定花床尺寸，用纸板或原木标记该区域。如果你想杀死堆肥下的植物，纸板很有用。

可选： 挖一条30厘米深的沟，面积与花床相同。花床的长度和宽度可以随心所欲。在挖的土堆中添加分解材料，土堆不必堆得太高。如果很难挖或水位很高（又或者像我一样懒），可以直接跳过这一步。

使用大大小小的木材组合建造你的山丘式土堆。邀请邻居帮忙，让它成为一个社交活动。

2. 在底部铺一层硬木，有软木的话，再铺一层软木。硬木腐烂得慢，软木更易腐烂，组合使用更好。任何木材组合都可以，只是不要用黑胡桃木和黑洋槐木，它们在分解时会释放有潜在毒性的化学物质（对花床植物有毒）。

3. 用你想用于堆肥的大块有机材料堆砌土堆。添加一些腐败的木材帮助新木材更快分解，为植物更快提供养分。记住，山丘

将树叶和其他传统堆肥材料塞进木材空隙，并分层添加到木材上。

添加一层土壤覆盖土堆。如果你喜欢，可以将底部较大的原木暴露出来。

可以直接在山丘式土堆上种植，也可以先让它休息、沉积一下。

式堆肥可以打破其他堆肥方式的规则。根系、灌木和藤蔓等其他堆肥方式避免的，都能应用于山丘式堆肥。每隔一会在土堆上踩一踩，让材料更紧实，减少沉降。

4. 在大块材料上添加传统堆肥材料，如树叶、稻草和粪便。土堆想堆多高就堆多高。

5. 堆肥材料上铺2.5厘米厚的成品堆肥，再铺5~8厘米厚的表土。材料孔隙中也填入堆肥和土壤，让土堆外形平滑。再添加一层地面覆盖物，保护土壤。

6. 让土堆静置一段时间（它会沉降），也可以直接在土堆上种植。植物根系有助于加固土壤。

在土壤贫瘠的地方建设花园，相当于从零开始，山丘式花床效果会很好。喜欢不定期浇水的园丁也会发现花床下海绵状的腐烂木材在缓慢释放养分。这些花床看起来像一个小丘，让花园变得起伏有致，为你的景观设计添彩。

山丘式高花床

在高花床下添加一个山丘式土堆，可以为你省钱，并为高花床上的植物提供缓慢释放的水和营养。这种方法最适合较深的高花床，堆肥上面的空间还足够放土，或者也可以在高花床下面挖出一个坑来放置"山丘"，效果也很好。

与山丘式土堆步骤相同，只是在高花床底部做。底部铺上纸板、腐败木材和新木

这个高花床包含木头层、树枝层和堆肥层，形成了山丘式高花床。

分层叠放硬木、软木、树叶和其他堆肥材料，上面留30厘米深的空间放园圃土壤。这些材料会慢慢分解，为植物提供养分和水分。

材、软木和硬木、树枝、粪便或堆肥。不要直接堆成土堆，应像千层饼一样将材料分层叠加，表面要平坦。每隔一段时间在上面走一走，把它踩得更平坦。花床顶部填上20～30厘米厚的混合了成品堆肥的土壤。可以在上面立即种植。

你算过购买优质花园土壤的价钱吗？如果用土壤填满整个高花床，得花一大笔钱。现在你也不需要在高花床上放30厘米厚的优质花园土壤。下次建造高花床时，在底部放一些木头和树枝，原打算买土的钱可以买更多植物，如果你像我一样，总是需要更多植物的话。

这种木头能用吗？

并非所有木材在山丘式堆肥中的效果都一样好，我整理了一个表格，可以作为指南。"还行"一栏列出的品种，要等它们充分腐烂或老化时再用，避免发芽，也避免释放出抗菌的化学物质。该栏中大多数物种都有很强的抗腐能力，这意味着它们会在土堆中持续很长时间。"避免"一栏中有三个物种：黑洋槐树，在你有生之年它都不会分解；黑胡桃树，含对植物有毒的化学物质胡桃酮；老红木，包含会持续很久的化学物质，会抑制种子发芽。

山丘式堆肥木头选择

最佳	还行	避免
桤树	黑莓	黑洋槐树
苹果树	樟树	黑胡桃树
山杨树	雪松	老红木
桦树	桉树	
木棉树	杉树	
枫树	忍冬	
橡树	刺柏	
白杨树	桑橙树	
	太平洋紫杉	
	松树或云杉	
	红果桑树	
	柳树	

热堆肥

把热堆肥看成是研究生水平的堆肥吧。热堆肥技术需要管理添加的东西，还有该如何维护堆肥。坦率地说，这是一项烦琐的工作，好处是超级快速地收获成品堆肥。这种方法也被称为批量堆肥或活性堆肥，利用一切可能的优势，为堆肥内的微生物活动创造最佳环境。微生物活动会产生热量，促使堆肥温度上升并迅速分解。

使用热堆肥技术的人，我们称为"热堆肥者"（"热"既指堆肥技术，也是形容他们的热情），通常短短三周就能收获成品堆肥。

热堆肥材料

热堆肥要求一次性加入所有材料，而不是几周或几个月内逐步加入堆肥材料。这意味着你需要冷冻1个月的厨余，跑到当地咖啡馆收集咖啡渣，储存树叶和修剪下的枝条，直到储存的材料足够做一大批堆肥。

用于热堆肥的材料最好能切碎或研磨。一整个南瓜、一整根芹菜都不行。所有东西都要切到小于5厘米，这样做能增加表面积并加速分解。树枝和未切割的木头也不能直接用于热堆肥。

你还需要完美地平衡堆肥中的碳和氮。棕色材料和绿色材料为3：1。传统堆肥允许你在棕色与绿色之间有更多的变化，但热堆肥必须做到3：1，才能运作。

可选的热堆肥建筑

热堆肥不需要专门的建筑。如果你想在院子里指定一个区域用于堆肥，还恰好有一个带有隔间的小·建筑，会让堆肥工作更有条理。如果你的堆肥看起来不是篷布下的一堆腐烂的东西，而是看起来很体面，会给来访的人或邻居留下好印象。

想象一下，你像一只蜜蜂一样在堆肥建筑上盘旋。当你向下看时，堆肥建筑是E字形。为了便于翻动，热堆肥建筑放弃了前面的墙。每次翻动堆肥时，你只需把材料从一个隔间移动到另一个隔间。

热堆肥堆

||||||||||||||||||||||||||||||||||||

建筑不是必需的，因为热堆肥发生得非常快。实际上，没有建筑，热堆肥会更容易。选一个不碍事的地方，离花园要足够近，便于你把成品堆肥用在最需要的地方。

所需材料：

▸ 纸板或稻草

▸ 比例平衡的棕色材料和绿色材料

▸ 成品堆肥

▸ 干草叉

▸ 水

▸ 篷布（或热堆肥隔间）

所需空间： 1.2米×1.2米

所需时间： 1小时

动手干吧

1. 先铺一层纸板和稻草（也可以只铺一种），这样可以改善堆肥内的空气流动。另外，当你翻动堆肥或者收获完成的成品堆肥时，有纸板在下面，能更容易确认堆肥的底部。如果没有稻草，堆肥也可以正常运作。也可以用不适合动物食用的发霉干草，作为稻草的代替品，铺在底部。

2. 在你进行热堆肥时，要确保堆肥材料的正确比例，最简单方法就是将棕色材料和绿色材料分层加入，注意分层要薄，这样材料之间更容易混合在一起。

第25页中列出的棕色材料和绿色材料都能做热堆肥。有些材料分解得会更快。热堆肥者最常寻求的材料如下：

▸ 青草属（绿色材料）

▸ 食草动物粪便（绿色材料）

▸ 咖啡渣（绿色材料）

▸ 小块的食物残渣（绿色材料）

▸ 稻草（棕色材料）

▸ 切碎的树叶（棕色材料）

▸ 食草动物用过的垫草（棕色材料）

▸ 木屑（棕色材料）

以薄层的方式添加材料，确保棕色和绿色材料比例为3：1。

向热堆肥堆中的棕色材料层（即高碳层）加水。

材料添加到一半时，加入食草动物的粪便或旧堆肥，会给堆肥带来有益微生物。

完成的热堆肥堆至少90厘米高，底部边长均为90厘米。

零浪费堆肥

3. 每添加一层棕色材料，向堆中添加一些水。堆肥材料需要保持湿润，就像拧干的海绵。如果你打算使用木屑，添加之前要先在水里经过浸泡。确保材料足够湿润，能迅速分解，这样堆肥就不会出现一块块干燥的小区域。

4. 材料加入到一半时，加入一铲旧堆肥、食草动物粪便或别的活化剂。因为底部垫了一层纸板，所以不能利用从土壤中轻易迁移到堆里的生物。用旧堆肥做引子，有助于加速分解。

5. 尝试堆成高90厘米、底部边长均为90厘米的堆。随着材料分解，这个堆会缩小。

6. 最上面覆盖一层棕色材料，如切碎的树叶，确保食物残渣不露在外面。如果有防水布，用它盖住堆肥。

维护堆肥

堆肥堆一旦建成，要密切注意，确保它保持像拧干的海绵一样湿润。根据加州大学伯克利分校开发的伯克利热堆肥法，头4天不碰堆肥堆，然后接下来的14天中每隔1天翻动1次（第5、7、9天翻动，以此类推）。翻动热堆肥时，先铲出堆肥的外层，在附近堆一个新堆，将外层材料作为新堆的内部，再用旧堆内部材料做新堆的外部。

堆肥温度应保持在55～65℃。如果堆上长出了一层薄薄的白色真菌，那这堆东西可能已经超过了理想的温度，应该尽快翻动。

热堆肥需要投入时间和精力，但如果你想快速收获堆肥，并有决心投入努力，可能很快就会自称为"热堆肥者"。

翻动热堆肥时，将原本在外层的材料挪到里面，确保分解均匀。

第**5**章

独特的室内
堆肥系统

没有院子的堆肥

越来越多的人开始接受小空间生活——清除杂乱而多余的东西，过上更简单的生活，专注于真正重要的东西。但在小空间生活意味着你没有后院来进行堆肥。不用担心！本章详细介绍了3种在室内或在小露台、阳台进行堆肥的方法。这3种方法可以让你在不到0.2平方米的小空间内进行堆肥，你没有院子也可以用家庭厨余堆肥。

专注于小空间生活，不用树叶或灌木，偶尔可以加入室内植物的叶子，主要针对厨余，如胡萝卜皮、洋葱皮和苹果核。本章介绍3种方法：

赤陶盆堆肥法：印度城市居民喜欢在室内或室外进行小空间堆肥（如露台、阳台），陶盆堆肥非常流行。这种方法利用黏土的透气性，创造出美丽的多层叠架的堆肥箱。

蚯蚓堆肥法：利用蠕虫堆肥，世界各地的人们已经实践了几十年。蚯蚓堆肥是把一种特殊类型的蠕虫——红蚯蚓——放在小容器中工作。蚯蚓可以管理自己的数量，而且每天可以吃掉自己一半体重的食物残渣。

波卡西堆肥法：这种方法起源于日本，先在特殊容器中发酵厨余，创造一个预堆肥材料。如果操作正确，甚至大多数其他堆肥方法不能用的材料也可以用来堆肥，如肉类和奶酪。本章会讲解波卡西堆肥法及如何使用这种堆肥法产生的预堆肥产品。

你可以根据自己的现实情况选择用哪种堆肥方法，比方说你有多少空间用于堆肥，以及你对接纳成百上千条虫子作为室友有多大兴趣。

赤陶盆堆肥器

告诉你一个秘密。这种堆肥器违背了堆肥的几个基本规则，按理说是不能工作的。但它确实起作用！这些容器比大多数堆肥容器小，只有普通堆肥容器的1/4大小；它不依赖土壤中的生物体；堆肥比我通常建议的干燥得多。我在厨房里测试了这个打破常规的堆肥器，确实很有效。盆子很漂亮，赤陶有一定透气性，能让堆肥材料保持干燥和新鲜的气味。

没有院子，就缺乏树叶，但树叶通常用于后院堆肥。赤陶盆堆肥需要椰糠作为褐色碳源，它是椰壳中的纤维，是生产椰奶和椰子油的副产品。它能吸收水分，提供碳源，而且气味好闻。最重要的是，家居店和网上都能低价买到椰糠。

这种独立的堆肥系统无法接触到土壤中的生物，需要加入堆肥启动剂或有效微生物，使得分解更快、更易于掌控。你也可以跳过这个步骤。厨余被细菌覆盖着，即便没有从商店购买的兄弟微生物的帮助，这些细菌最终也能分解这些材料。

这个在网上购买的赤陶盆堆肥器为小空间堆肥提供了解决方案，还可以作为家庭装饰。

用大量椰糠覆盖食物残渣，可以平衡高氮的食物残渣、吸收多余的水分。

椰糠的替代品

如果你生活的地方找不到椰糠，可以尝试用其他材料替代，如锯末，也能平衡食物残渣并吸收多余的水分。在智利，密巴堆肥法使用的是天然沸石，而不是进口椰糠。

这些漂亮的成品赤陶盆堆肥容器在商店找不到的话，可以在网上找找。工匠们在手工制作这些盆子的时候，通常会专门做一些漂亮的装饰性细节。购买预制的堆肥器的另一个好处是，能同时买到大量已经带有有益微生物的椰糠。本书中大部分DIY项目以二手循环利用材料为主，你或许有点怀疑，没错，我们将一步一步利用旧花盆来建造自己的赤陶盆堆肥器。

我将一个赤陶盆堆肥器放在厨房角落里两个月，测试它可能产生的气味。我每天都小心翼翼地用椰糠和一层报纸覆盖食物残渣，并确保盖子紧紧地贴在上面。没有气味。一点也没有。两个月后，材料真正开始分解，我把它移到小露台上一个有顶棚的区域。之所以移动主要是因为没有蠕虫的帮助，分解将不可避免地出现霉菌，我不想让家人在室内接触到霉菌。建议在露台、阳台或门廊使用这些堆肥器。但不要让它被雨直接淋到。

当你往赤陶盆堆肥器中添加材料时，不同盆中会有处于不同分解阶段的材料。

赤陶盆堆肥器

IIIIIIIIIIIIIIIIIIIIIIIIIIIII

只要把几个陶盆摞起来，赤陶盆堆肥器背后的直观逻辑就变得简单了。需要一个底盆和两三个材料填充盆，最上面有一个盖子。底盆保持完整，始终保持在底部。这个盆可以储存完成的堆肥并吸收多余的水分。其他盆底部有孔，允许水分在盆间流动。

所需材料：

- 3个赤陶盆或泥
  陶盆（直径36
  厘米）
- 4个赤陶盆托盘
  （直径36厘米）
- 用于制作模板的
  一块硬纸板
- 记号笔或铅笔

- 卷尺
- 护目镜
- 电钻
- 硬质合金钻头
  （9.5毫米和4.8
  毫米）
- 防尘面具

所需空间： 60厘米 × 60厘米

所需时间： 2小时

赤陶盆堆肥器放在有顶棚的门廊或露台，看起来很漂亮。

动手干吧

把花盆摞起来，以便更好地了解它们的工作原理。如果使用的是尺寸不匹配的旧盆，把最大的盆放在底下，充当完成盆，下面放一个完整的托盘，以便结构稳定。

1. 制作给两个托盘和两个花盆钻孔用的模板。纸板模板让钻孔工作更容易，孔也更均匀、一致。在模板中间画1个孔，周围8个孔围成一个圆圈，外围再画一个由8个孔组成的圆圈，一共17个孔。

2. 用卷尺找到托盘的中心。使用模板、记号笔或铅笔，在两个托盘和两个盆子底

钻孔前制作一个模板来标记这些点，让孔更加均匀、一致。

钻孔小窍门

在赤陶或黏土陶盆上钻孔让人有些紧张。整个过程，我至少深呼吸了十几次，又屏息了十几次，事实上还并不是我在实际钻孔。使用专门用于瓷砖和天然石材的钻头，会让钻孔变得轻松。如果你没有这种钻头，还想尝试一下这个项目，可以把盆泡在水里，用毛巾来稳定住。我们钻孔没有出现裂缝或断裂，希望你也会有这样的好运气。

在两个托盘和两个花盆的底部钻孔，作为排水孔。

部标记出所有的孔。戴上护目镜，用9.5毫米钻头，先钻中心的孔。由于陶是非常脆弱的材料，要小心谨慎。钻孔会产生大量灰尘，准备好扫帚和簸箕。钻孔时记得戴防尘面具，避免吸入灰尘。

3. 现在用4.8毫米钻头在侧面钻气孔。我想要一个兼具装饰效果的堆肥器，我丈夫就创作了一个漂亮的星形图案，中心有1个孔，周围有20个孔，构成一个星爆般的形状。每个盆上钻4组图案（利用模板让钻孔过程容易很多），或者按你觉得气流足够充分的孔数钻也可以。

4. 把未钻孔的托盘放在最下面，然后堆放其他陶盆，构筑堆肥系统。未钻孔的作为底盆在下面，盆和盆之间用钻孔的托盘隔开，最上面有一个未钻孔的托盘作为盖子。

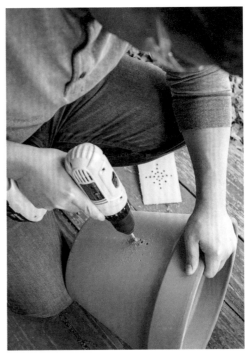

借助模板，用4.8毫米钻头在花盆侧面钻出兼具装饰效果的气孔。

堆肥时，先在底盆填入10～15厘米厚的干叶和几把椰糠，帮助吸收多余水分。在顶层的盆里放一层报纸或纸巾，一把椰糠，以及一茶匙堆肥启动剂或有效微生物。添加切碎的食物残渣，频次最多每天一次。再用大量椰糠完全覆盖食物残渣。椰糠上再盖一层报纸。如果没有报纸，用纸巾也可以。添加新的食物残渣时，掀开报纸或纸巾，在椰糠层的上直接添加食物残渣。再覆盖一层新的椰糠，然后重复利用报纸或纸巾，直到它开始分解。尽量把食物残渣切小，避免大量烹饪过的蔬菜，特别是西蓝花和菜花，因为它们刚开始往往会发臭。每周添加一茶匙堆肥启动剂或有效的微生物。

顶层的盆几乎填满后，用工具或戴上手套搅拌材料。残渣上方留几厘米深的空间。如果材料是干的，可以加点水；如果太湿，可以加一些椰糠。然后把装满材料的容器移到底座的上一层，再用一个新的盆装材料。我们四口之家花了大约3周才填满一盆。

第二个盆填满后，把第一个盆里的东西倒入底层的盆中，然后用这个盆子重新开始。在这个盆满了之后，底层盆中的材料就可以收获了，然后把第二个盆里的材料加到底层盆里。收获时，把底层盆中的材料过筛，大材料筛出来。两三个月你就可以收获材料。如果你发现填满盆的速度超过了系统的承受能力，可以再加一个盆。

两个月后，赤陶盆堆肥器中的食物残渣几乎完全分解了。

赤陶盆的堆肥材料

可添加的东西

新鲜水果的皮和核

新鲜蔬菜残渣

室内植物的小叶子

咖啡渣和茶叶

要避免的东西

煮熟的蔬菜或谷物

修剪下来的植物枝条（叶子例外）

动物粪便

蚯蚓堆肥

想象一下，你在家养了几百上千只宠物，它们开心地生活在一个小小的容器里，小到可以放在水槽下方。这些宠物在这里可比依偎着你作用更大。它们会从容地吃掉你餐桌上剩下的残渣，它们的粪便可不恶心，而是世界上最好的土壤改良剂之一。

蚯蚓堆肥（也称虫箱堆肥或蚯蚓养殖）是一种特殊的堆肥方法，室内操作即可，不必到后院。如果你能克服饲养蠕虫的恶心感觉，这个过程是相当干净的。没有异味，不需要翻动堆肥，而且它们产生的蚓粪看起来很像咖啡渣。

选择蚯蚓堆肥，或是不想大冬天跑去后院堆肥箱，或是住在没有后院的公寓。或是为了方便，用食物残渣在室内堆肥，用庭院植物枝叶在后院堆肥。也有人是享受和孩子一起维护虫箱的过程，并借此了解生物和自然界中的分解。

这些红色的小蠕虫每天可以吃掉它们体重一半的食物残渣。

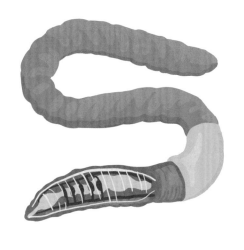

凭借简单的解剖结构，这种小而强大的蠕虫可以帮助大量物质进行分解。

蠕虫

你不能从地里挖几条蚯蚓，扔进箱子里，就说这是个蚯蚓箱。蚯蚓堆肥系统需要一种特殊蠕虫：赤子爱胜蚓（*Eisenia fetida*），俗称为欧洲红蚯蚓。它们喜欢生活在浅浅的容器中，短时间内就能消耗大量食物残渣，能适应的温度范围很大，在栖息地良好和食物供应充足时，能迅速繁殖。一旦适应虫箱，红蚯蚓每天可以处理它们体重一半的厨余。虫箱一般可容纳1斤蚯蚓，每天可以给它们喂半斤厨余。这种能力恰好能处理四口之家产生的厨余。

蚯蚓吃食物残渣，产生蚓粪。这种高氮粪与虫箱中其他材料混合，形成蚯蚓堆肥。蚯蚓堆肥能产生营养丰富的腐殖质质地，所以园丁们对其赞不绝口。没有虫箱的园丁要花钱购买蚯蚓堆肥，将其作为土壤改良剂和肥料。

创建一个小型生态系统

虽然红蚯蚓是主角，但它们需要有一个由其他分解者组成的强大支持网络，那些分解者帮助分解食物残渣。你的虫箱是一个小型的生态系统，包含一个完整的生物食物网。食物残渣和其他有机物为这个系统提供了动力。

单细胞细菌和真菌为蚯蚓提供主要帮助。蚯蚓就像微生物农民，为这些生物创造完美的环境。蚯蚓的消化道横跨身体的整个长度，体内的细菌有充足时间分解腐烂的物质。受益于微生物，蚓粪比蚯蚓吃的东西营养更丰富（至少植物角度是如此）。

其他生物，如霉菌、放线菌（一种类似真菌的细菌）、革螨和鼠妇会偶尔出现在虫箱里，食用食物残渣。二级消费者，如跳虫、原生动物和缨甲等，会吃掉你的一级消费者，为分解过程贡献自己的力量。虫箱里偶尔还会看到捕食者，如蜈蚣、蚂蚁和伪蝎（别担心，不是真正的蝎子，个头非常小，你几乎看不到它们）。建议清除你能看到的蜈蚣和蚂蚁，因为它们可能会吃掉"好家伙"。

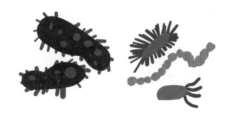

建造你自己的虫箱

室内蠕虫堆肥用的容器和后院堆肥箱一样多种多样。空间要足够大，容纳虫群、垫料和食物残渣，保留一些呼吸空间，保证空气流通。四口之家需要一个30~45厘米深、60厘米宽、90厘米长的盒子。

市场上有出售预制虫箱的。有些虫箱功能设计很好，能提高添加材料和收获堆肥的便利性。如果你想为虫子买一个高层公寓，记得仔细阅读产品评价。预制虫箱功能各不相同。

你也可以用胶合板或塑料容器建造虫箱。虫箱就是一个盒子，有气孔、盖子、液体排放通道。用木质箱也行，但由于容器大，箱子总是潮湿的，还是塑料箱使用时间更长。30~45厘米深的浅容器效果最好，太深的话，垫料层会被压实。

塑料容器
蚯蚓堆肥箱

||||||||||||||||||||||||||||||||

制作虫箱超级简单，适合和孩子们一起动手做。你需要一个塑料容器，钻一些气孔和排水孔，确保蠕虫朋友们透气顺畅，多余的水分也可以排出。可以网上订购红蚯蚓，也可以去渔具店找找。确保是赤子爱胜蚓，不然养到最后，蠕虫可能会试图逃跑，或因无法在这种容器中生存而死。

垫料可以选择碎报纸、碎纸板、动物粪便、腐叶堆肥或泥炭藓等。可以用碎纸机处理黑白报纸，或让孩子们帮你撕碎报纸。加入几把切碎的树叶会改善成品蚓粪的外观，但也可能引入天敌，如蜈蚣。

红蚯蚓天然栖居于垃圾，不像传统蚯蚓那样爱在土壤中挖隧道。它们喜欢虫箱中由碎纸和食品残渣组成的栖息地。准备虫箱时，记得添加一把优质的活性花园土壤，以增加沙砾。蚯蚓没有牙齿，它们利用胃里的这些沙砾分解食物残渣。这种土壤还为虫箱带来了细菌、霉菌和真菌，有利于推动堆肥进程。

所需材料：

- ▶ 大碗或水桶
- ▶ 水
- ▶ 1个塑料容器（容量38升，不透明）
- ▶ 电钻
- ▶ 2个塑料容器的盖子
- ▶ 碎报纸（2.5千克）
- ▶ 1杯土壤（128克）
- ▶ 红蚯蚓（500克）
- ▶ 4块砖或木块

切碎的报纸能保持水分，而且很容易获得，是虫箱的最佳垫料。

在虫箱底部钻20个排水孔，绕着虫箱顶部钻孔，以便透气。

用浸泡后拧干的碎报纸作为垫料，填满3/4的虫箱。用到的纸比你想象的要多。

所需空间： 60厘米×60厘米

所需时间： 1小时

动手干吧

1. 在大碗或小桶里装水，静置几个小时，让氯气蒸发掉（或用集雨桶里的水）。

2. 把箱子翻过来，在底部钻18～20个直径6毫米的孔，以便排水。排水孔的间距为5厘米。

3. 在箱子靠近顶部的位置钻直径6毫米的孔，作为通气孔。孔的间距5厘米。不用担心蚯蚓会逃跑。如果蚯蚓品种正确，用正确的方法维护虫箱，这些蚯蚓会很乐意留在虫箱里。

4. 一个盖子用作虫箱的盖子（另一个用作虫箱下面的托盘）。沿着盖子边缘钻15～20个通气孔，间距5厘米。记住，

蚯蚓需要空气，但它们也喜欢黑暗的环境。太多的孔会带来太多的光线，伤害它们小小的眼睛（实际上是光的感受器，蚯蚓没有眼睛）。

5. 收集垫料。我喜欢碎报纸和棕色树叶。将报纸浸泡在步骤1预备的水中，直到报纸被浸泡饱和。捞起报纸，拧干，直到不再滴水。你需要足够的垫料填满3/4的虫箱。报纸用量比你想象的多，容量3.6升的虫箱需要230克报纸。

6. 将浸泡后拧干的报纸放进虫箱。也可以混合土壤和树叶，让材料分布均匀。

7. 轻轻地将红蚯蚓放进虫箱。欢迎安居，虫虫们！

8. 在虫箱里加入一些食物残渣。颗粒越小，分解速度越快。最开始一次放入110克食物残渣。

9. 用垫料完全盖住食物残渣，以免招来果蝇。

10. 将未钻孔的盖子放在你选择的台面上，作为托盘。在托盘和虫箱之间垫几块砖或木块，把虫箱从托盘上支撑起来，便于排水和空气流动。虫箱放在垫的砖或木块上即可。

把红蚯蚓轻轻放进垫料中，让它们在新家安居。

照顾好你的新宠物们

虽然不太可能给这成百上千个新房客起名字，但它们是活生生的动物，需要一些基本条件才能茁壮成长。你需要考虑到以下几个方面：

温度： 虫箱的温度需保持在13～25℃之间。因为垫料是湿的，比周围空气更容易结冰。温度低于10℃，蚯蚓的活性会大大降低。温度超过29℃，对蚯蚓来说极可能是致命的。为避免极端温度，虫箱最好放在不通风的地下室或车库，或者直接放在厨房水槽下（如果你能说服家人）。

透气： 蚯蚓通过皮肤呼吸，像其他生物体一样产生二氧化碳和其他气体。它们需要新鲜空气，否则会窒息而死。虫箱上需要设置大量气孔，而且千万不要用塑料袋包裹住虫箱。添加食物残渣时，把垫料弄得蓬松些，促进箱内的空气流通。

湿度： 垫料中加水，是因为蚯蚓需要保持皮肤湿润才能呼吸，即做气体交换。不过，水太多会淹死它们，注意湿度，让箱内的潮湿程度保持像拧干的海绵一样。

酸碱度： 蚯蚓能够在相当宽的pH范围内生存，5～9均可（7为中性）。注意不要添加太酸的东西，如大量的柠檬皮，否则会使酸度达到危险水平。如果你看到蚯蚓试图逃离虫箱，说明栖息地太酸或太湿了。

看起来蚯蚓像需要高维护的宠物，其实一旦你掌握这些基本知识，它们很容易保持活力。你可以几周都不管虫箱，再去看时会发现它们还在大快朵颐。如果你打算休假1个月或更长时间，建议把它们寄养到有同情心的朋友那里。

喂养蚯蚓

所有厨余蚯蚓都会吃，但作为一个新手蚯蚓堆肥者，还是从新鲜水果和蔬菜残渣开始比较好。将质地密实的残渣切碎，如西蓝花茎，便于蚯蚓进食。起步阶段，可以先添加这些基本的残渣：

- ► 土豆皮
- ► 香蕉皮
- ► 生菜和卷心菜外层的叶子
- ► 芹菜根
- ► 洋葱皮

- ► 苹果和梨子的核
- ► 茶叶
- ► 咖啡渣
- ► 番茄蒂

你应该明白，切水果和蔬菜剩下的部分都可以添加。咖啡渣和茶叶也是很适合添加。如果你有450克虫子，可以每天添加225克食物——相当于5根香蕉皮或半头生菜。

像后院堆肥一样，添加完食物残渣记得埋起来。防止果蝇在食物残渣上产卵。如果食物残渣上本来就有虫卵，这样做能阻止虫卵孵化。我在虫箱附近放了一把园艺叉，添加残渣前用叉子掀开一层垫料。

大多数食物都可以做实验，但有几类厨余不宜加到虫箱里：

► **肉和骨头**：肉类分解会产生恶臭，引来不受欢迎的客人。

► **柑橘皮**：加一些可以，柑橘皮会降低箱内的pH，也会吸引小白螨。我不加柑橘类的东西，有些堆肥者会适量加一些。

► **狗和猫的粪便**：非虫类宠物的粪便有臭味，还会给成品堆肥增加有害的病原体。

用新鲜的食物残渣喂养你的新朋友。它们每天可以吃掉重量达体重一半的食物残渣。

收获蚯蚓堆肥

|||||||||||||||||||||||||||||||||||||

谈到收获蚓粪，有两派观点。有些人选择"懒惰路线"，正如你可能期待的，工作量少，但会损失大部分甚至全部蚯蚓。你可以喂养蚯蚓一段时间（至少6个月），然后完全停止喂养。让虫箱放几个月，不用管，蚯蚓会吃掉所有的食物残渣，停止繁殖，并最终饿死，成为蚓粪的一部分。你就收获了一整箱的成品蚓粪，但要启动新一轮堆肥就需要重新购买蚯蚓。

如果你喜欢用一种杀伤更少的方法收获蚓粪，需要把蚯蚓从堆肥中分离出来。这是一个比收获后院堆肥更费时的过程，但付出是值得的。我曾使用多种技术收获蚯蚓堆肥，以下步骤涉及的工作最少，回报最大。当你看到很多看起来像一堆堆咖啡渣的深棕色蚯蚓堆肥时，就可以收获了。

所需材料：

- ► 可以收获的虫箱
- ► 装有食物残渣的塑料网袋
- ► 2个桶，其中一个有盖子
- ► 防水布
- ► 光源（最好是太阳光）
- ► 手铲或小园艺铲
- ► 园艺手套

所需空间： 至少90厘米×90厘米

所需时间： 2小时分离，整个过程需2周

动手干吧

1. 把装满食物残渣的塑料网袋，埋在虫箱一侧。

2. 两周后，大部分虫虫将迁移到虫箱的这一侧。期间，不要在其他地方添加食物残渣。

3. 把袋子拉出来（里面有几百条虫），放在一个临时收容桶里。盖上桶盖，保持桶内黑暗，这样做蚯蚓会很高兴。

4. 现在虫箱内大部分蚯蚓已经转移，里面仍会留下一些。铺开一块防水布，将蚯蚓堆肥一小堆一小堆地堆在油布上，堆成圆锥状。在阳光明媚的户外进行这项操作效果最好。蚯蚓厌光，会跑到堆的底部。要有耐心，它们的速度很慢。

5. 等待蚯蚓迁移的时候，按第86页的步骤，用新鲜、潮湿的垫料和树叶打造一个新虫箱。把被引诱到食物袋中的蚯蚓放进新家。

6. 30分钟或更长时间后，剩余的蚯蚓将全部迁移到圆锥状小堆的深处。可以用铲子（或直接用手）把顶部刮掉，放到一个桶里。将没了顶的小堆重新塑造成圆锥形状，然后再次等待。

这些莴苣苗在蚯蚓堆肥的帮助下生长得更快了。

最终，我厌倦了堆土堆，决定直接插手收尾。在收获蚯蚓堆肥时，我有一种"不抛弃不放弃"的态度。为了筛选堆肥中的残留蚯蚓，我有几个小时用来静静地沉思，追最喜欢的播客或有声书。

我戴着手套，捡起蚯蚓和虫茧（火柴头大小的琥珀色小球），轻轻地把它们扔进新虫箱。我一堆堆进行，把堆肥摊开，捡起那些蠕动的小伙伴。最后剩下的堆肥，我高兴地铲到盛放成品堆肥的桶里。

在堆堆、铲土、重堆的整个过程中，你随时可以把剩余的蚯蚓堆肥和蚯蚓直接丢进新虫箱里（轻轻地）。实际上，一些成品蚯蚓堆肥有助于微生物启动新虫箱。

如果在冬季或雨天收获堆肥，你可以在地下室支起一张桌子，铺上防水布，就可以开工了。你需要一盏或多盏明亮的灯来模仿太阳，促使蚯蚓在堆中往下迁移。

这种方法的好处是，你可以把收获的时间拉长到几天，每隔一段时间刮一次土堆的顶部。红蚯蚓在很多地方都不是原生蠕虫。将它们和成品堆肥直接撒在花园，可能会导致物种入侵。如果冬天太冷，它们很可能无法存活，所以不值得冒险。

使用虫虫的粪便

现在你已经收获了"黑金"，来了解一下它能带来的好处吧。蚯蚓堆肥是植物的超级英雄，它为植物提供了许多奇妙的好处。

▶ 蚯蚓堆肥质地呈海绵状，可以给土壤通气，增强土壤的保水能力。

▶ 蚯蚓排泄出的蚓粪堪称自然界的奇迹，其中包含的有益细菌比它们吃下去的食物或肠道中的食物包含的更多。

► 蚯蚓堆肥中的腐殖酸使钙、铁和钾等营养物质和微量元素更容易被植物吸收。

► 蚯蚓堆肥能刺激植物生长（是激发种子萌发的最佳方式）。

► 蚯蚓堆肥中存在的微生物有助于保护植物免受疾病侵害。

给蚯蚓堆肥穿上紧身衣和斗篷，它甚至可以在复仇者联盟中占有一席之地。

你收获的蚯蚓堆肥不会像收获后院堆肥箱中的堆肥那么多。没关系。蚯蚓堆肥的营养成分超级浓缩，一点点就能起效很久。

许多蚯蚓堆肥爱好者将堆肥用于菜园育苗或移栽秧苗时。播下种子后，只需在种子行中撒一层蚯蚓堆肥，或铲一些蚯蚓堆肥添加到要移植的坑里。不需要很多就能产生影响。

蚯蚓堆肥对家庭盆栽和花园来说也是极好的顶肥。在植物顶部周围撒上一些，营养物质就会进入土壤。给新植物装盆时，蚯蚓堆肥不需要太多，只需不到1/3，用2/3以上的盆栽土。蚯蚓堆肥会把你对植物的关爱，散播给更多植物。

蚯蚓堆肥故障排解

问题	起因	解决办法
果蝇在虫箱周围打转。	食物残渣没有被埋在垫料下面。	· 认真掩埋食物残渣。 · 做一个果蝇陷阱（参见第2章中的"快速摆脱果蝇"）。 · 在附近设置粘蝇网。 · 如果天气容许，将虫箱放到户外。
垫料干燥得过快。	虫箱通气过度。	· 在虫箱内洒水。 · 盖好盖子。 · 把虫箱放到空气不太流通的地方。
虫箱底部有积水。	虫箱通气不足。	· 打开盖子一段时间。 · 添加一些新的垫料，并用园艺叉翻动，让垫料保持松软。 · 将虫箱放到空气流通更好的地方。 · 减少食物添加的量。
螨虫在虫箱中大量滋生。	添加到虫箱里的某种食物残渣滋生了螨虫。	· 虫箱中放一片白面包吸引螨虫。第2天，取出白面包，连带上面的螨虫一起扔掉。
虫箱中生霉。	你添加的材料上有霉菌孢子。	· 这不是什么大问题，可以不去管它。 · 把霉菌翻到材料下面，埋起来。
虫箱散发不好的味道。	· 食物没有被掩埋在垫料下。 · 加入的食物残渣过多。 · 添加了奶、肉或油脂。	· 1周内不要给蚯蚓喂食食物残渣。 · 添加干燥的垫料。 · 掩埋所有食物残渣。 · 不要添加乳制品或肉类食物残渣。

波卡西堆肥

如果你喜欢自己酿造啤酒或自己动手把蔬菜做成罐头，波卡西法可能会激发你的兴趣。波卡西堆肥是一种来自日本的在室内发酵食物残渣的方法，与其说是全循环堆肥，不如说是预堆肥，因为你必须将发酵的食物残渣转移到后院的堆肥箱中或埋到土中才算完成堆肥。将食物残渣在厨房保存数周，几乎没有异味，比传统方法分解速度快，由于这些好处，波卡西法你值得考虑，但在美国这是一种边缘的堆肥做法。

波卡西法通过食物残渣喂养喜欢厌氧环境的有益微生物，实现厌氧分解。波卡西法需要两样东西：一个特殊的桶和带有微生物的麦麸。我会介绍如何DIY制作一个桶，你也可以直接购买波卡西桶和这种麦麸。

要开启波卡西堆肥，先将食物残渣放入桶中，压出里面的空气。（用一个餐盘就很好。）在食物残渣中撒上带有微生物的麦麸。每次加入食物残渣和麦麸后，确保盖好盖子。与其他堆肥法不同，空气是波卡西堆肥的敌人。每隔几天，必须排出渗沥液（堆肥过程中产生的液体），可以在桶底开个水管或直接倒出。这些液体闻起来有一点酸甜，像发酵的蔬菜。因为你控制着微生物，所以不会有厌氧分解产生的恶臭。如果操作正确，盖好盖子，你不会闻到任何气味；打开盖子，也只有轻微的腌制气味。

这个波卡西桶已经放了1个多月，虽然还能看到食物残渣，但它们已经在发酵过程中发生了变化。

波卡西堆肥器非常适合放在厨房，盖子盖好的话不会有任何气味。

有效微生物

商店购买的波卡西麦麸中有三种微生物组成了"梦之队"，将食物残渣转化为厌氧分解的、有腌菜味的杰作。它们就是乳酸菌、酵母菌和光营养细菌。

你可以自己制作波卡西麦麸，也可以买到瓶装的有效微生物。这些生物体与麦麸混合后，要进行干燥。一旦接触到潮湿的食物残渣，它们就会活跃起来，开始工作。你要清楚，DIY比直接从专业渠道购买投入更多工作。对我来说，自制波卡西的麦麸与自制甜甜圈、毛衣和猫粮一样，超出了我DIY的范围。如果你想自制波卡西麦麸，可以到网上学习一下，互联网无所不包。

几周后，食物残渣看起来仍然可以辨认，但它们已经发生了根本性的变化。这些材料已经被腌制过，是预堆肥。本节末尾会介绍使用这种材料的一些方法，无论你有没有后院，都可以用得到。

你可能会想，如果我有一个后院堆肥箱，为什么还要进行波卡西堆肥？问得很有道理。其中一个原因可能是，你觉得每天或隔天去堆肥箱处理食物残渣实在太麻烦了，想每月去一次。如果你使用的是社区花园的堆肥箱，想在家里积累几周的食物残渣再拿去堆肥箱，波卡西会很有用。另一个原因是，你可以使用波卡西堆肥少量的肉类和乳制品。酸性发酵可以杀死病原体，扩展堆肥材料的清单。又或者你只是非常喜欢腌菜的味道，也可能是想在厨房里保留一个可以和客人谈起的有趣话题。

有一点要注意。如果麦麸不起作用或食物残渣中有太多的空气，波卡西可能会变成恶心的烂摊子，再壮实的人也会反胃。波卡西并不适合每个人，如果你认为好处多于风险，请给波卡西一个机会。你可能有助于把这种边缘做法推广成主流的堆肥方法。

波卡西堆肥桶

任何可以相互嵌套的桶都可以用于这个项目。如果你有猫科动物的舍友，经常买桶装猫砂，就会有很多不知道该怎么处理的桶。你也可以直接从五金店购买19升的桶。

如果打算长期进行波卡西堆肥，可以创建两个这样的波卡西系统，这样你就可以在一个桶填满处于处理过程中时往另一个桶添加材料。

所需材料：

▶ 两个桶

▶ 电钻和6毫米钻头

▶ 抹布

▶ 剪刀

所需空间： 45厘米 × 45厘米
所需时间： 不到1小时

动手干吧

1. 两个桶，一个做内桶，另一个做外桶。内桶底部钻25～30个孔。

2. 把一块抹布剪成与桶底形状和大小相同，再把抹布放在桶底。这块抹布能让液体流出，并挡住食物碎渣，让你的"波卡西茶"更干净。用大小相同的旧窗纱也可以。

3. 把有洞的桶放在无洞的桶里。记住，我们正在努力创造一个空气尽可能少的环境，所以要把这些桶压在一起。两个桶之间保留5厘米的空间距离，便于收集从内桶的排水孔流出的液体。

在桶底钻25个孔，便于液体从上层桶流到下层。

要将波卡西堆肥器放在厨房里，你可以用一些绘画来装饰这些桶。我购买的是黑色塑料桶，能很好地融入厨房背景，似乎比白色塑料更优雅。当然，朋友们也可以不必像我一样花太多时间考虑堆肥桶的事。

把两个桶紧紧地摞在一起，创造一个不透气的系统。

加入一杯（50克）波卡西麦麸，添加特别的微生物，启动系统。

有了波卡西装备，可以开始波卡西堆肥了。我建议一开始可以先购买波卡西麦麸，一份就够用几个月了。以下是向波卡西桶中添加材料的步骤：

1. 把圆形抹布放在钻了孔的桶底。

2. 在钻了孔的桶内撒一把波卡西麦麸（50克）。

3. 放入食物残渣。每天只放1次，最好每隔1天放1次。放入的食物层厚度不超过5厘米。

4. 加两把波卡西麦麸盖在表面。

5. 用盘子或类似东西挤压，把食物残渣里的空气排出去。

每天或每隔1天加入1次食物残渣，尽量减少空气接触。

6. 每隔1天，将两个桶分开，清空下层桶中的积液。

7. 桶装满后，静置2~3周，不用管它，等待它完成发酵。如果出现白霉，不用担心，它不会伤害你的波卡西堆肥。

使用盘子、报纸或其他类似的遮盖物，将波卡西系统中的空气挤出，并遮盖住食物残渣。

小妙招

从波卡西中排出的液体，有时被称为波卡西茶，充满有益的微生物，也是充满养分的肥料。用水稀释这种液体，比例至少为100：1，然后可以用它浇灌植物。你可以在4升水中加入1汤匙（15毫升）波卡西茶。这种液体酸性很强，如果不稀释，会杀死你的植物。我知道这一点，但我自己没有用这种积液杀死植物的惨痛经历噢。

波卡西系统中排出的液体是一种高效肥料。可以把1汤匙液体（15毫升）加入到4升的水里稀释后使用。

使用波卡西堆肥

你可以用几种方式使用波卡西堆肥：可以在传统的后院堆肥容器中完成堆肥，也可以将波卡西堆肥埋入花园，或者直接用于盆栽。如果你有后院堆肥箱，是最好的选择，因为波卡西堆肥会在堆肥箱迅速完成分解，麦麸也会为堆肥增加有益的微生物。一举两得。

如果选择在堆肥箱继续处理，把波卡西堆肥转移到堆肥箱后覆盖一层树叶，就像堆肥新鲜食物残渣时一样。这些发酵后的食物残渣比新鲜食物残渣分解得更快。虽然波卡西堆肥是酸性的，但堆肥箱能够平衡调整，不会有问题。

如果选择把波卡西堆肥埋到花园，先挖一条30厘米深的沟，再把波卡西堆肥倒进去，最后用挖出的土填满沟，完全覆盖堆肥。让波卡西堆肥反应至少2周，再在上面种植。这些材料需要完成分解，而且酸性太强，不能与植物根系接触。如果你挖开土壤，发现食物残渣已经完全消失，就可以了。

在种植盆中使用时，在盆中加入1/3盆栽土和1/3波卡西堆肥。把这两层充分混合，最后再加1/3盆栽土，等待2~3周就可以种植了。

不要把发霉的食物残渣放进波卡西堆肥。上面的霉菌可能取代麦麸中原有的微生物，扰乱堆肥系统。

先把食物残渣切成小块后再添加到波卡西桶，会增加成功机会。大食物块发酵慢，还可能增加桶内的气孔。

波卡西可堆肥材料

能加入的

新鲜的水果皮和核

新鲜蔬菜残渣

家庭盆栽的小叶子

煮熟的蔬菜和谷物

少量的肉和小骨头

少量的乳制品

咖啡渣和茶叶

需避免的

已经发霉或腐烂食物残渣

庭院植物修剪的枝条

动物粪便

大块食物残渣

像添加新鲜食物残渣时一样，波卡西预堆肥上埋一层树叶，波卡西预堆肥会分解得更快。

第**6**章

在后院
堆肥
宠物粪便

人类最好的朋友产生的废物

啊，狗狗的大便。毛茸茸的朋友给我们的生活带来如此多的爱和欢乐，但是它们也会产生一些没有人喜欢去处理的东西。大便很臭，而且量相当多，具体取决于狗的大小。根据美国环境保护局的数据，平均每只狗每天排泄340克大便，每年排泄125千克大便。哇，狗狗们，真让我们惊叹啊！本节我们将讨论在后院安全管理狗狗大便的两种方法。

狗狗大便让你生病

我先吓唬吓唬你，不要把狗大便直接添加到常规后院堆肥箱。狗大便含有病原体，会让你和你的家人生病。除非你的堆肥能持续3天维持在63℃以上，否则不能保证杀死所有的病原体。专业堆肥者通常需要20只狗的大便才能创造足够大的能达到这个温度的热堆肥。如果你有这么多狗，并且想尝试热堆肥方法，请做一些研究。对于没有这么多狗的狗主人来说，我们将专注于更实用的方法。

你可能会问，病原体有什么大问题？意大利北部的一项研究发现，在遗留在街头的狗粪中有多种对抗生素有抗药性的菌株。发现的一些耐抗生素菌株可以引起尿路感染、脑膜炎、骨和关节感染，以及疖子。研究人员还发现了贾第虫，这是一种微小的寄生虫，能引发一种被称为贾第虫病的腹泻疾病，这种病到底如何呢，我肯定它恰如其名，和它的名字一样古怪。

如果你试图用常规堆肥方法堆肥狗大便，但温度不够高，病原体可能会通过成品堆肥传播到花园中。正如我妈妈所说，安全总比遗憾好。

平均每只狗每年产生125千克大便。对于这一点，这只叫希尔迪的狗狗可一点都不感到惊讶。

盖伊1天拉3次也不足以产生足够的大便来让一个热堆肥堆升温。

其他宠物和动物的粪便

如果你足够幸运，生活中有食草动物朋友，如仓鼠、沙鼠或兔子，你可以而且应该用常规的堆肥方法堆肥它们的粪便和垫料。这些是制作堆肥的黄金材料。尿液和大便含有大量可以分解的氮，而垫料则提供了分解成小颗粒的碳做完美的平衡。你不需要用本章中的任何一种方法来处理食草动物的粪便。

如果你养的是蛇、雪貂、松狮蜥或其他食肉动物，可以用本章描述的方法，只要粪便不与垫料混在一起即可。

尽管CJ非常可爱，但它大便里包含病原体，必须谨慎处理。

为什么狗大便会造成环境问题？

狗大便不仅会让你生病，还会造成环境问题。被冲入河渠后，大便会分解并释放过多的营养物质。可能导致藻类大量繁殖，水会变绿、变浑浊、发臭。粪便上的病原体也会被冲入河渠。大便太多会让人无法在溪流、河流或湖泊垂钓，也无法游泳。

你能用的方法

我谈到病原体、寄生虫、环境灾难的话题已经让你感到不适了，让我们说回积极的话题吧。狗大便中确实含有相当多的氮和对土壤有益的其他营养物质。源于人类的聪明才智，我们已经有可能安全管理自家后院的狗大便了。

有狗主人称，用以下方法处理狗大便，有一个意想不到的好处就是，他们觉得和狗大便相比，普通垃圾似乎也没那么难闻。

太阳能分解器

太阳能分解器利用太阳的热量将食物残渣和狗大便分解成营养物质，再分享给周围的土壤。这些材料分解得非常彻底，所以你不会收获堆肥。每隔几年，你还不得不铲出几铲子特别坚硬的残存物质。

太阳能分解器与传统的堆肥器有相似之处，但有一些独特之处。首先，筐状容器不在地表，而是埋在地下，材料分解后会直接分享给周围的土壤。其次，地表上的圆锥形容器是双层的，有助于聚拢热量，简直可以说是在"烹饪"容器中的材料。

这个太阳能分解器放置在铺着护根物的花床中相当低调。

安装步骤和窍门

　　安装太阳能分解器时，先挖一个深坑，往刚挖好的坑中倒一桶水，测试下土壤的排水情况。如果超过15分钟水都没排出，就再挖深一点，铺一层砾石和土壤的混合物，二者比例为1∶1，然后再放材料筐。

　　将筐子与内层圆锥体扣合，再放入地下。外层扣在内层上面。

　　用土填充筐子周围的空隙，再将上层圆锥体埋进土中5～8厘米深。

　　我购买时附赠了一种特殊的酶，帮助分解器启动，但不必经常添加。

　　太阳能分解器可以堆肥狗大便和食物残渣，包括肉和奶制品。修剪下来的植物枝条不要放进去，否则可能堵塞分解器，导致无法工作。冬天可能需要放慢速度。

挖个深坑，能放得下筐子。

厚实的黏土排水非常缓慢，所以我们在筐子下面添加了一层砾石和土壤的混合物。

太阳能分解器底下的筐子已经准备就绪，可以接收食物残渣和狗狗粪便了。

打包袋

我说的不是将餐厅剩菜带回家的那种打包袋，而是用来捡狗便便的那种。这些东西很可能用介绍的所有方法都无法分解，即使它们声称是"可生物降解的"。你可以尝试一下，但很可能还得移除这些袋子，最糟糕的是它们可能堵塞系统，导致无法工作。最好把这些袋子扔进垃圾桶。

小猫咪呢

也许有读者要问了，为什么不关注一下我们可爱的猫科朋友，它们的粪便也拿去堆肥吧？呃，猫咪的粪便涉及一系列完全不同的问题，包括会伤害人类胎儿的弓形虫。你还必须处理猫砂，即便是松木块型的猫砂，也可能阻塞堆肥器。从理论上讲，如果猫屎与猫砂完全分开，可以使用这些方法堆肥猫屎。但无论如何不要让孕妇来完成。

◀ 抱歉了，小猫咪，你的确很可爱，但你的粪便有病菌。

地下加酶化粪系统

这个方法与太阳能分解器类似，但在液化处理狗狗粪便的过程中，更多依靠酶，而非太阳能。化粪池系统通常被用来处理人类粪便，但我们也能将相同的构思应用于小规模的处理系统上。首先，把一个容器埋在地下。我们家只有一只狗，使用了一个19升的桶，足够处理它的粪便。如果你的狗比较大或数量多，也可以用小垃圾箱。你可以从当地的家居店购买到化粪池用酶。这些酶会"攻击"粪便，将其变成液体，液体渗透到周围的土壤中，十分安全。

你也可以在网上买到狗狗化粪系统，价格也算便宜。这些售卖的成品中，有的有精巧的脚踏式开关盖子，是我们的DIY桶不具备的。不管怎样，你得清楚，你是在处理狗粪便，所以，当你打开盖子，还是会闻到臭气。不过，盖子盖好后，就不会闻到任何味道了。

▶ 贝利喜欢这个能将它的粪便液化并将营养分享给周围植物的狗狗化粪系统。

　　关于过冬的重要提示：一旦室外空气温度低于4℃，化粪系统的运作就会变慢，不再能有效运作。我建议冬天可以停止添加狗大便，春天再恢复。

　　如果你有一个带围栏的院子，狗狗在院子里"方便"，这个系统就很有用。用挖狗狗粪便的工具，把粪便放进桶内。如果狗狗外出散步，可以用打包袋把狗便便带回家，再将袋子里的东西倒入化粪系统。袋子扔进垃圾桶，因为这个袋子通常是包含塑料的。

地下堆肥箱中的酶和水将狗狗粪便分解为营养物质，渗透进周围的土壤中。

宠物化粪桶

||||||||||||||||||||||||||||||||||||||||

选址至关重要！确保宠物化粪系统不在路上，不靠近溪流或其他自然水路。还需要有良好的排水，如果可能的话，最好靠近水龙头。选择一个周围是泥土或覆地物的地方，不要在草地上。如果设置在长草的地方，你需要不断地修剪周围的草，可能给你的生活增加不必要的压力。

所需材料：

▶ 19升的桶　　　　　　　　　　▶ 铲子

▶ 电钻　　　　　　　　　　　　▶ 化粪酶

所需空间： 60厘米×60厘米

所需时间： 1小时

动手干吧

1. 水桶底部和侧面钻很多孔。我建议至少钻20～30个孔。不需要测量或制作漂亮的星形图案。这是一个埋在地下、用来分解狗大便的桶。

2. 在院子中寻找一个地点，不挡路，不靠近溪流或池塘，有良好的排水。挖一个坑，深度足以容纳你的桶。将水倒入坑中，测量排水。15分钟后如果水还在，就需要在桶底加一层沙砾。

艾薇很支持将DIY宠物化粪系统隐藏在灌木后面。

钻至少20～30个孔，便于液体渗到周围的土壤中。

零浪费堆肥

3. 将桶置于地下。加入一些化粪酶粉，再加狗粪便。每周添加一次酶。每周在化粪系统中加一次或两次水。如果化粪系统靠近水龙头，添水很方便，也可以用桶拎水过去。

可选： 在桶的顶部贴上标签，这样在你院子里散步的不知情的朋友就会知道，如果掀开盖子，他们会遇到什么。

在不挡路的地方挖一个坑，深度足以容纳桶。

每周往系统里面添加一些化粪酶。

第**7**章

收获和使用
成品堆肥

‖‖‖‖‖‖‖‖‖‖‖‖‖‖‖‖‖‖‖‖‖‖‖‖‖

耐心等待，终有好事降临

几个月后（如果是热堆肥，则是几周后），你收获"棕色黄金"。我们可以把话说得很有哲理，说堆肥就像生活一样，更重要的是过程，而不是终点。几个月来你在照顾堆肥，添加食物残渣和树叶，检查湿度，时不时通气，这才是身为后院堆肥者的真正乐趣。但这么说很荒谬。

你如果做了一批美味的巧克力屑曲奇饼，当然想吃上一块。虽然我们享受堆肥过程中的所有步骤，但收获成品堆肥才是堆肥者生活中最美好的一天。至少是你堆肥的日子里最美好的一天（我们没有那么悲观，生活中还有很多美好时刻）。挖开堆肥，你会发现深棕色腐殖土是那么松软、带着纯正的泥土气息，这可能比吃一块刚出炉的热饼干更令人满意。

时间到了吗？

判断堆肥何时已经完成分解，不需要土壤科学的学位。如果材料不冒热气，添加到里面的香蕉皮也不再是原来的样子，就可以说它完成了。部分分解的木材碎片和其他坚韧的纤维仍然存在，但它们为堆肥增加了大多数植物都会喜欢的结构。有几种堆肥方法，如滚筒式堆肥，从堆肥容器中出来的木质材料可能还没有完全分解。不要担心。它会在你施用到花园里之后继续分解。

这个成品堆肥只有一些蛋壳未被分解，已经随时可以收获。

普通的堆肥箱每年会产生大约一推车的堆肥。坐下来，欣赏你美丽的堆肥收获吧。

　　按照预计，传统的封闭式后院堆肥装置每年收获1～2次堆肥。通常情况下，秋天我会收获堆肥，以便腾出空间，堆肥大量的落叶。春天我会再次收获少量堆肥，用于新的花床或辅助育苗。普通的后院堆肥堆或堆肥箱每年会产生满满一推车的堆肥。这些肥料足以铺出28平方米大、1厘米厚的肥料层。

　　如果使用热堆肥法，每隔几个月就可以收获一次堆肥。这种方法需要投入一定的时间和奉献精神，大多数堆肥者，包括我自己，都很难做到。滚筒产生成品堆肥的速度也比其他方法快，滚筒每隔几个月也会产生一次成品堆肥。

从单箱装置中收获堆肥

　　单箱堆肥容器是后院堆肥中最常见的王者。如果你只有一个后院堆肥箱，需要遵循一些特殊步骤来收获材料，因为你是不断地往成品堆肥上添加食物残渣的。你也可以按照这些步骤来处理落叶堆肥箱或单箱堆肥容器。

1. 首先，摇晃堆肥箱，尝试把它从堆肥上抬起来。如果它就是不动，就开始进行第2步，直到你能把它抬起来为止。从堆肥箱的侧面往上抬会比从顶部用力更符合人体工程学。当你把堆肥箱抬起来后，里面的堆肥还保持着形状，像你在沙滩上塑造的沙堡一样。

2. 将堆肥顶部未完成的材料移除。用铲子（或干草叉）将材料铲入19升的桶或手推车上。这一步是整个过程中最不好玩的，因为这些材料可能已经部分腐烂，通常含有相当数量的身体蜷曲的分解者。如果一想到看到蛆虫在吃食物就觉得恶心，那在收获前的几周中，把食物残渣冷冻起来，不要再加入堆肥箱中。也可以考虑使用下一节介绍的双箱系统。

3. 清除了食物残渣和未分解的材料后，你就得到"棕色黄金"了。把这些宝藏铲到手推车上，欣赏一番。留意那些还没完全分解的大树枝或大块材料，把它们从完成的堆肥中挑出来。

4. 收获成品堆肥后，把堆肥箱放回原处，用你在步骤2中移除出来的残渣和收获时挑出的大块材料重新开始堆肥。所有食物残渣都要用树叶掩埋。

在你收获之前，将堆肥箱从堆肥上抬起来，能更轻松地移除未完全分解的材料。

小妙招

每次收获后，将堆肥箱移到院子里不同区域再重新堆肥。留在堆肥箱下的肥沃而松软的土壤能为一些幸运的新灌木、树木或花床提供充足的养分。

如果你使用的是购买的塑料堆肥箱，可能在箱底有一个小门，是制造商为收获堆肥而设计的。根据我的经验，这个小门并不会让收获工作更容易。如果你偶尔只需要几铲子堆肥，可以打开这个门，铲出你需要的堆肥。如果你想收获一整个堆肥箱的材料，从这扇门挖材料，感觉就像用勺子在移动一座山。事实证明，将整个堆肥箱移开，让堆肥暴露在外面，效率高很多。

多多益善：你为什么会需要两个堆肥箱

如果你的院子足够大，可以用两个堆肥箱，有很多好处。如果有两个堆肥箱，一个被填满，让材料堆肥时，可以往第二个堆肥箱添加材料。当然，你需要持续给第一个箱通气，检查湿度。最后你可以收获一整箱的成品堆肥，几乎不需要分类筛选。

创造双箱堆肥系统很简单，买两个堆肥箱就好了。如果你是DIY自制堆肥箱，那就制作两个。如果一想到要铲掉黏糊糊、满是蛆虫的材料你就会皱起鼻子，我强烈建议采用双箱法。如此一来，你可以从远处欣赏这些体型较大的无脊椎动物朋友，而不必要近距离交流。

一些老练的园丁甚至有三个堆肥装置。他们向一个堆肥箱中添加材料，另两个堆肥箱中的材料则处于不同的分解阶段。如果你的花园很大，需要处理大量材料，可以考虑使用三箱堆肥系统。三箱系统收获时，只需将分解时间最久的那个箱中的成品堆肥倒出来即可。

从滚筒收获堆肥

除非你的堆肥滚筒有两个隔间，否则你将面临与单箱堆肥类似的问题：需要将未完全分解的材料与成品堆肥分开。当然，你也可以利用滚筒快速堆肥的优势，在收获前的三四周内不再添加材料。把那些食物残渣先冷冻起来（容器上贴好标签，否则你的家人可能会在做冰沙时碰巧用了这些不太理想的材料），这段时间内，院子里的枝叶也需要收集起来，暂时存放在一边。

从两个或三个单元组成的堆肥器中收获成品堆肥比收获单堆肥箱更容易。每个单元可以容纳处于不同分解阶段的堆肥材料。

收获滚筒堆肥的前几周，先将食物残渣冷冻起来。方便收获成品堆肥，也为下一次堆肥准备好材料。

从滚筒收获的成品堆肥会有甜味和泥土味，除了一些树枝和其他木质碎屑，堆肥材料外形也完全变了。把堆肥材料从滚筒中铲到手推车上或桶中。来自滚筒的堆肥将会在你花园里继续成熟。

改变生活的筛堆肥体验

我以前从未筛过收获的堆肥。把完成的堆肥铲出来，撒在花园里，整个过程直接而轻松，筛堆肥似乎是浪费时间。为什么要多搞一个步骤呢？

大多数堆肥是等待的游戏。你要花几个月的时间将食物残渣、树叶和其他材料添加到堆肥箱中，翻动堆肥，检查湿度。但是，当这个过程完成后，你就会有铲出一铲铲"棕色黄金"的满足感。过筛会将这种满足感提升到一个全新的水平，将你的后院堆肥转化为在园艺商店需要花高价购买的东西，甚至更好，因为这些堆肥是你的创造。

你必须亲身体验这种感觉。有时我会带着满意的笑容退后几步，欣赏我那满满一车的黑褐色财宝，美丽而松软。感觉很自豪。你用人们认为是垃圾的东西创造出了这些堆肥。

有的专业园艺店会出售堆肥筛，也可以在网上购买一些特价产品。堆肥筛类似于老式矿工淘金时使用的设备，只是我们的金子会筛下来，未分解的碎片会留在筛子上。最容易使用的堆肥筛网可以横跨搭在手推车上，成品堆肥可以直接过滤到车上。推荐使用筛孔为1厘米的筛子，这个筛孔尺寸可以将堆肥筛下去，同时把未完成分解的大块材料筛出来。筛孔再小些也可以，但可能需要施加额外的力气来推动堆肥通过筛孔。

过筛只需要3个简单的步骤：

1. 把筛子架在手推车上或桶上。

2. 铲一铲子堆肥放在筛子上，来回移动。我更喜欢戴着手套操作，这样就可以从堆肥筛的断头台上救出所有蠕虫。

3. 把太大的、无法通过筛子的材料扔回堆肥堆，继续分解。

把堆肥筛横跨在手推车上，筛出美丽的成品堆肥。

在堆肥筛上来回移动材料，可以救下蠕虫，也可以挑出大块的、未完全分解的材料。　用堆肥改善土壤，帮助花园植物茁壮成长。

最容易过筛的是干燥的堆肥，不是黏糊糊的、像泥一样的堆肥。如果堆肥比较黏稠，可以先放地上或防水布上干燥1天。干燥的堆肥会减少结块，过筛时更容易。

除非你添加材料时十分严格，否则过筛时很可能会遇到非有机物，像植物上贴着的塑料标签、用来绑西红柿梗的尼龙绳、农产品贴纸或随便什么玩具（如果你的孩子像我的孩子一样）。把这些东西挑出来，根据需要重复利用或扔掉。

最顽固的可堆肥物

大多数堆肥材料最终会融为一体，难以分辨。香蕉皮和苹果核分解后看起来是一样的。有些可堆肥材料十分倔强，在成品堆肥中我们依然可以辨别出它们。

堆肥过筛时，蛋壳是最明显的材料。它们通常会碎成小块，但分解缓慢，导致成品堆肥里有许多蛋壳碎片。你有两个选择：第一，干脆不用蛋壳堆肥；第二，将蛋壳磨成粉。可以想象，磨蛋壳是一个很耗费时间的活动，而且需要会弄脏搅拌机或其他粉碎设备。

我有点喜欢混杂着蛋壳的堆肥的样子，而且，我知道蛋壳在堆肥被用作覆地物时的一个秘密好处：蛋壳可以阻止蛞蝓啃食植物，因为蛋壳碎片会划伤它们的肚子。虽然看起来像一种残忍的酷刑，但不使用杀虫剂就能消除害虫，大家应该欣赏蛋壳的这种价值。

过筛时你还会发现其他堆肥材料，像枇杷种子、鳄梨果核、坚果壳和坚硬的木质碎片，扔回堆肥箱，继续分解。如果不过筛，它们会进入花园，在花园中完成分解。

使用成品堆肥

现在你已经收获了宝藏，决定如何使用，也是很有乐趣的。除非你用融入花园的方法堆肥，把堆肥留在原地。使用其他方法的话，你可以把堆肥运到花园的任何地方。当我使用成品堆肥时，喜欢把这份爱撒得四处都是，但你的需求可能与我不同。

考虑一下你花园里的所有区域。是否有植物生长不佳的花床，可以小小提升地一下？草地是否有点斑驳，或颜色发黄，需要一些肥料？花坛是否缺少一层新的地面覆盖物？这些问题的答案，将引导你把堆肥用在需要的地方。

花床的覆盖物

成品堆肥，特别是筛过的堆肥，做花床覆盖物效果很好。可以在花园最显眼的花床里展示你珍贵的作品。只需把堆肥撒在植物周围，就像撒硬木碎片做覆盖物一样。

这种反应和自然界中分解一样。当动植物在森林（沙漠、草原、海洋）死亡时，会原地分解，成为地面的顶层。蠕虫、其他分解者和雨水携带着营养物质进入大地。随着时间的推移，这种天然的腐殖质层不断积累。

几厘米厚的成品堆肥能美化你的花园，改良土壤，为土壤提供保护。以这种方式施用堆肥有助于土壤保持水分，并保持土壤生命的健康和多样性。如果是在树木或灌木周围施用，在堆肥和树皮之间留出几厘米空隙，这样就不会把树木也变成堆肥。

改良土壤

如果你要开一个新花床，或者土壤非常贫瘠，把堆肥埋进土壤，有助于改善土壤中的腐殖质和表土层，增强排水和营养供应。用堆肥改良土壤时，土壤上倒一些堆肥，再用铲子翻翻土，将其混合（也可以用耕作机）。在地面不太湿或不太干的时候改良土壤，会比较轻松。

记住，植物也需要土壤中的矿物质。植物直接种到堆肥上效果并不好。一般来说，可以把15厘米厚的土壤和5～10厘米厚的堆肥充分混合。根据土壤质量和你有多少堆肥可以使用，来判断你到底该如何使用。

这些牡丹花喜欢表层的新肥料。堆肥会给下面的土壤增加养分，保护土壤。

将堆肥用于盆栽植物时，堆肥和盆栽土按照1∶2的比例混合。

造福盆栽植物

你也可以将堆肥用于室内和室外的盆栽植物。由于是在一个紧凑的空间里，所以要确保堆肥和盆土的比例，比例精准度要比直接用于开阔的地面时高。盆中堆肥太多，可能会造成植物烧根或死亡。但花盆中适量的堆肥会给你带来出乎意料的阳台番茄。

在给植物上盆时，堆肥与盆栽土按照1∶2比例混合。将两种材料混合均匀后，将植物栽入盆中。给植物充分浇水，然后放松等待就好了。堆肥会为植物提供它所需要的所有肥料，具体取决于你植物类型。

如果植物是在室内，你可能想对土壤进行巴氏消毒，以避免室内植物感染疾病。对土壤进行巴氏消毒，只需将土壤撒在烤盘上，然后放在93℃的烤箱中烤1小时。冷却之后就可以种植室内植物了。

促进种子萌发

许多园丁想让他们最脆弱的植物——也就是秧苗——享受到成品堆肥的益处。除了改良土壤外，你还可以在播种后使用成品堆肥和蚯蚓堆肥的混合物来覆盖种子。蚯蚓堆肥会让堆肥变得更轻，方便小苗破土而出。

将堆肥和蚯蚓堆肥等比例混合，按植物所需的覆土厚度撒在种子上。

草坪也需要堆肥

可能你没有园圃，只有一片草坪需要打理，有时草坪也需要提升一下。你可以用堆肥来给草坪施肥，改良一下草坪下面经常被忽视的土壤。

堆肥作为顶部施用的肥料，将通过叶片，改良草地的土壤。用过筛后的堆肥效果最好，因为过筛后的堆肥质地更加精细。干燥的堆肥更容易进入草地。只需将6毫米厚的细质堆肥撒在草坪上。用树叶耙或推式扫帚（邻居如果大惊小怪就随便他们吧）帮助堆肥下沉到叶子下面。给草坪浇水，进一步促进堆肥的溶解，能有效改良土壤。等到1周后再修剪，让重力有时间把堆肥拉到土壤里。

如果你想超过预期目标，可以考虑在施用堆肥之前给草坪通气。许多建材家居店会出租核心曝气机，这种机器能在草坪上打5～8厘米的孔，为草坪根部提供空气和养分。如果施用堆肥之前先给草坪通气，堆肥就会进入这些小孔，最终进入土壤，从而更好地改良土壤。

在堆肥里养蘑菇

美味、新鲜的蘑菇是我最爱的食物前五位之一。只要想到用黄油酱完美地炒出边缘泛金黄色的小波尔多蘑菇，我就会流口水。当我了解到真的有人在家自己种植蘑菇时，我觉得一个全新的世界向我敞开了大门。你也可以在家种植美味的蘑菇；许多蘑菇品种都喜欢在松软、湿润的堆肥中生长。

我专门上过一个关于自己动手种植蘑菇的课程，授课老师有一句话让我印象深刻。"所有的蘑菇都至少可以食用一次。"你必须非常小心，因为有些蘑菇含有让人产生迷幻反应的化学物质，可能会造成永久性的脑损伤，还有些品种的蘑菇进食后会导致死亡。

我们不是谈论在森林里觅食蘑菇。而是在一个封闭的环境中用成品堆肥和购买的孢子自己种植蘑菇。在用堆肥种植蘑菇时，需要采取一些基本预防措施。

首先，你需要找到蘑菇孢子的来源。网上有出售这些东西的店家，我强烈建议去找一家信誉极好的卖方，不要从地下室的邻居那里借孢子。

大多数信誉好的孢子卖家会告诉你哪些蘑菇更容易生长，哪些蘑菇喜欢用堆肥作为生长介质。对初学者来，平菇、双孢蘑菇（又名口蘑）和香菇都很容易生长，双孢蘑菇最喜欢的生长介质便是堆肥。购买蘑菇菌时，你收到的东西是一种混合物，里面包含蘑菇孢子（负责传播真菌的微小细胞）和蘑菇茁壮成长所需的成分。

除了选择信誉好的蘑菇店家外，还要遵循店家对堆肥的建议，这样你就不会意外地培养出堆肥中存在的真菌，从而吃到错的蘑菇。一些认真的蘑菇种植者会为自己种植的某种蘑菇专门制作堆肥。

在现有的花床上铺5厘米厚的堆肥，有助于给土壤补充营养，花园会更加绿意盎然。

花床热爱堆肥

无论是改良现有的高花床，还是建造新的花床，成品堆肥都是你的后盾。秋季，在花床上铺5厘米厚的堆肥，然后用护根覆盖。护根和堆肥会在冬季保护土壤。春天，在你用免耕法种植时可以把堆肥盖在种子上，也可以直接施加到土壤里，改良土壤。

建造新花床会用到很多堆肥。有经验的园丁会把60%的表土、30%的堆肥和10%的盆栽混合料混合在一起。这三种材料彻底混合后再种植，会为植物提供一个良好的生长条件。虽然花床的底部通常是直接与地面相通的，但要遵循盆栽植物使用堆肥的规则。添加堆肥要小心，不要添加太多，否则会剥夺土壤中包含的植物所需的重要矿物质。

酿造堆肥茶

我们往往希望自己创造的堆肥能惠及整个花园。环顾四周，如果你发现，植物需要的堆肥比你拥有的堆肥要多，可以考虑严肃的堆肥者们的建议：酿造一些堆肥茶。堆肥茶是将堆肥转化为液体肥料，将堆肥的爱传播给更多植物。它可以为植物直接提供可溶性氮和有益微生物，这个过程虽然比直接把堆肥作为土壤改良剂复杂一些，但比自己酿造啤酒要容易很多。

制作堆肥茶的过程，是促使生活在堆肥中的有益细菌在短时间内疯狂繁殖。植物

草莓在堆肥中茁壮生长

无论是种植在容器中、堆肥袜中，还是园圃花床中，草莓都很喜欢堆肥。

事实证明，在堆肥袜中种植草莓能减少根部腐烂。

许多植物都喜欢堆肥，但没有哪种植物像草莓那样鲜红欲滴，甜美诱人。草莓需要排水良好的土壤来生长，否则它们的根可能会变黑腐烂。堆肥提供了完美的解决方案，为这种小红果实提供了理想的生长介质。许多园丁将草莓种植在土堆或高花床中，因为它们喜欢排水良好的土壤。在最上面15厘米的土壤中至少加入5厘米厚的堆肥。

一些园丁甚至用棉花或麻布网制作"堆肥管"，即"堆肥袜"，来种植草莓。你可以直接购买堆肥袜，也可以自己制作。在一个直径20厘米的管子里装上堆肥。管子需要多长就做多长，但大多数管子的长度为1～1.8米。把它放在土壤上，管子每隔20厘米切一处切口，切口种植一株草莓。附近安装一个滴水灌溉系统，就能看着草莓茁壮成长了。美国农业部表明，堆肥袜能明显减少黑根腐烂的发生，水果产量会增加16～32倍。

喜欢这些细菌，所以为植物提供更多的细菌将有助于它们吸收更多的营养物质。糖浆中的糖分和水族箱泵的通气相结合，有助于促进有益细菌的爆发。

在制作堆肥茶时，必须使用完全分解的堆肥，否则你最终得到的可能是一些奇怪的发酵食物残渣的私酿，既不能喝，也不能用于促进植物生长。许多蚯蚓堆肥者选择这种方法，因为与后院堆肥相比，蚯蚓堆肥产生的成品堆肥数量相对较少。大多数堆肥茶酿造器使用的是各种材料拼凑出来的装备，看起来貌不惊人，但与网上出售的花哨装备一样好用。

堆肥茶

IIIIIIIIIIIIIIIIIIIIIIIIIIIIIIIIIII

我确信这是句废话，但作为免责声明还是强调一句：这种茶不能喝。尽管已经加入了2汤匙糖浆，但它的味道还是和泥土一样。是真的泥土味！酿造堆肥茶只需要一些基本的材料，而且一天就能完成。产生的液体可以做植物的肥料。

所需材料：

► 9升的桶，或者旧的塑料猫砂桶

► 4～5杯成品堆肥（满满一铲子）

► 连裤袜（为堆肥制作一个"茶袋"）

► 2汤匙（30毫升）无硫糖浆

► 水族箱泵

► 喷壶

所需空间： 30厘米×30厘米

所需时间： 24小时

动手干吧

1. 首先，在水桶内装满水，距离顶部边缘5～8厘米。如果水是含氯的，静置几个小时，让氯气蒸发。

2. 将完成的堆肥放入连裤袜，填满脚趾部位。连裤袜既可以装堆肥，同时水能轻松渗透，就像一个茶包。

3. 把堆肥茶包放入水中。

4. 向桶内加入2汤匙（30毫升）的糖浆，并搅拌。

5. 把水族箱泵的通气部分放入桶中，如有必要，用石头增加重量，使其下沉。打开泵。

6. 让堆肥茶发酵24小时。

7. 24小时后，你会看到堆肥茶顶部漂着泡沫。将混合物倒入喷壶，如果需要，用去氯的水1∶1稀释堆肥茶。

酿造堆肥茶能创造出强效肥料，把堆肥的好处传播到花园的每一个角落。

如果没有水族箱泵，可以不用连裤袜，直接把堆肥加入水中，每20分钟搅拌一次，持续3小时。用木桩或其他长柄工具会很称手。用力搅拌，不要偷懒，搅拌的目的是让液体完全通气。其实，水族箱泵很便宜。除非你想体验亲自搅拌的乐趣，否则我建议你买一个水族箱泵。你也可以省略配方中的糖浆，最后仍然能得到不错的堆肥茶。

茶制作完成后，你可以用连裤袜里剩下的材料作为土壤改良剂，给花园增加腐殖质材料。如果想扩大规模，酿造更多堆肥茶，你可以使用大垃圾桶或100升的塑料桶，并相应增加配方中的材料。如果你真的要扩大规模，请考虑好如何从容器中取出堆肥茶。在靠近容器底部的地方安装一个出水口或水嘴，就可以轻松地把水灌到浇水壶中。将水嘴放在离底部15厘米的地方，沉淀的堆肥就不会堵塞排水口。

|||||||||||||||||||||||||||||||||||

对堆肥上瘾了吗？

收获第一铲美丽而松软的堆肥之前，你可能已经对堆肥上瘾了。很难不爱上这项户外活动，既可以改善土壤、保护环境，还可以省钱。可能你已经在时不时提醒配偶别丢掉香蕉皮，或者研究新方法来偷邻居家的落叶了。

如果你想深入了解后院堆肥，我强烈建议你咨询一下附近的园艺中心和社区，是否有大师级堆肥课程。这些课程可能涵盖了你在本书中学到的许多主题，还会提供动手实践演示，并为你提供当地的堆肥社交圈，这些人和你一样痴迷于堆肥。对了，你上一次自称为什么领域的大师是什么时候？

许多人跟我说，相比园艺，他们实际上更喜欢堆肥。我也有同样的感觉。堆肥是如此实用。你把剩饭剩菜拿出来，还给土壤，复制自然。有了平衡棕色材料和绿色材料的感觉，记住可堆肥和不可堆肥的材料清单，将给堆肥通气和浇水变成日常活动，堆肥就成了你的第二天性。很难想象我以前居然总是扔掉那些香蕉皮和咖啡渣。

希望这本书能为你提供所需的灵感和知识，让你在自己的家里或后院开始成功堆肥。请放心，堆肥活动非常宽容，无论你一路上犯多少错误，堆肥都会发生。你添加的材料会分解，最后变成宝贵的土壤改良剂。祝你堆肥快乐！

参考资料

书籍

Appelhof, Mary. *Worms Eat My Garbage.* Kalamazoo, MI: Flower Press, 1997.

Balz, Michelle. *Composting for a New Generation.* Minneapolis, MN: Quarto Publishing Group, 2018.

BioCycle. *The BioCycle Guide to the Art and Science of Composting.* Emmaus, PA: The JG Press, 1991.

Campbell, Stu. *Let It Rot! The Gardener's Guide to Composting.* Pownal, VT: Storey Communications, 1998.

Gilliard, Spring. *Diary of a Compost Hotline Operator.* Cabriola Island, BC: New Society Publishers, 2003.

Jenkins, Joseph C. *The Humanure Handbook: A Guide to Composting Human Manure.* Joseph Jenkins Inc. and Chelsea Green Publishing, 2005.

McDowell, C. Forrest, and Tricia Clark-McDowell. *Home Composting Made Easy.* Eugene, OR: Cortesia Press, 1998.

Minnich, Jerry, and Marjorie Hunt. *The Rodale Guide to Composting.* Emmaus, PA: Rodale Press, 1979.

Overgaard, Karen, and Tony Novembre. *The Composting Cookbook.* Toronto: Greenline Products, 2002.

Pleasant, Barbara, and Deborah L. Martin. *The Complete Compost Gardening Guide.* North Adams, MA: Storey Publishing, 2008.

期刊、杂志和电子资料

Arsenault, Chris. "Only 60 Years of Farming Left If Soil Degradation Continues." *Scientific American* (2017). www.scientificamerican.com/article/only-60-years-of-farming-left-if-soildegradation-continues

Bokashi Living. bokashiliving.com

Cinquepalmi, Vittoria, Rosa Monno, Luciana Fumarola, Gianpiero Ventrella, Carla Calia, Maria Fiorella Greco, Danila de Vito, and Leonardo Soleo. "Environmental Contamination by Dog's Faeces: A Public Health Problem?" *International Journal of Environmental Research and Public Health* (2013). www.ncbi.nlm.nih.gov/pmc/articles/PMC3564131

"Compost Fundamentals, Compost Benefits and Uses." Washington State University, Whatcom County Extension. whatcom.wsu.edu/ag/compost/fundamentals/benefits_benefits.htm

Cornell Waste Management Institute. Cornell University. www.cwmi.css.cornell.edu/chapter3.pdf

Dickson, Nancy, Thomas Richard, and Robert Kozlowski. *Composting to Reduce the Waste Stream: A Guide to Small-Scale Food and Yard Waste Composting.* Northeast Regional Agricultural Engineering Service, 1991. ecommons.cornell.edu/handle/1813/44736

Doggy Dooley. doggiedooley.com

EcoRich LLC. www.ecorichenv.com/home-composter

Eliades, Angelo. "Deep Green Permaculture." deepgreenpermaculture.com/diy-instructions/hot-compost-composting-in-18-days

Funt, Richard C., and Jane Martin. "Black Walnut Toxicity to Plants, Humans, and Horses." Ohio State University Extension (2015). www.berkeley.ext.wvu.edu/r/download/211509

Green Cone USA. www.greenconeusa.com/ green-cone-solar-food-waste-digester.html

Hamilton County Recycling and Solid Waste District. *Confessions of a Composter* (blog). www.confessionsofacomposter.blogspot.com

Hamilton County Soil and Water Conservation District. *2010 Compost Data Chart*. www. hcswcd.org/uploads/1/5/4/8/15484824/2010_ compost_data_chart_-_2.pdf

Hoitink, Henry A. J., and Ligia Zuniga De Ramos. *Disease Suppression with Compost: History, Principles, and Future*. Ohio Agriculture Research and Development Center, Ohio State University.

"The Many Benefits of Hugelkultur." *Inspiration Green and Permaculture* (October 17, 2013). www.permaculture.co.uk/articles/ many-benefits-hugelkultur

Millner, Patricia. "Socking It to Strawberry Root Rot." *Agriculture Research* (September 2007). www.agresearchmag.ars.usda. gov/2007/sep/ root

Natural Resources Defense Council and the Ad Council. Save the Food. www.savethefood. com

Platt, Brenda, James McSweeney, and Jenn Davis. *Growing Local Fertility: A Guide to Community Composting*. Highfields Center for Composting and the Institute for Local Self-Reliance (April 2014). www.ilsr.org/ wp-content/uploads/2014/07/growing-local-fertility.pdf

Project Groundwork, Metropolitan Sewer District of Greater Cincinnati. www. projectgroundwork.org

Rowell, Brent, and Robert Hadad. "Organic Manures and Fertilizers for Vegetable Crops." University of Kentucky Department of Horticulture (2017).

Schwartz, Judith D. "Soil as Carbon Storehouse: New Weapon in Climate Fight?" *Yale Environment 360* (March 4, 2014). www.e360. yale.edu/features/soil_as_carbon_storehouse_ new_weapon_in_climate_fight

Trautmann, Nancy. "Invertebrates of the Compost Pile." Cornell Composting Science and Engineering (1996). www.compost.css. cornell.edu/invertebrates.html

University of Illinois Extension. "History of Composting." *Composting for the Homeowner* (blog) (2017). web.extension. illinois.edu/homecompost/history.cfm

US Composting Council. *Compost and Its Benefits*. (2008). www.compostingcouncil. org/wp/wp-content/uploads/2015/06/compost-and-its-benefitsupdated2015.pdf

US Department of Agriculture. Composting *Dog Waste*. (2005). www.nrcs.usda.gov/Internet/ FSE_DOCUMENTS/nrcs142p2_035763.pdf

US Environmental Protection Agency. "Advancing Sustainable Materials Management: Facts and Figures." (2013). www.epa.gov/smm/advancing-sustainable-materials-management-facts-and-figures-report

———. "Municipal Solid Waste Generation, Recycling, and Disposal in the United States: Facts and Figures for 2012." www. epa.gov/sites/production/files/2015-09/ documents/2012_msw_fs.pdf

———. "Overview of Greenhouse Gases." (2017). www.epa.gov/ghgemissions/ overviewgreenhouse-gases

Waltz, Clint, and Becky Griffin. "Grasscycling: Let the Clippings Fall Where They May." University of Georgia Cooperative Extension (June 18, 2013). www.extension.uga.edu/ publications/detail.cfm?number=C1031

致 谢

本书的出版要感谢很多人。首先，感谢我的丈夫亚当（Adam），为本书中大部分堆肥箱的建造提供了专业知识和创造力。如果没有他，你可能看到很多漏洞和补丁。亚当在幕后也帮了很多忙，挖坑、堆放原木、搬运运货托盘，以及审查DIY项目的内容，确保读者能够理解我想说什么。我的孩子们，本（Ben）和艾米丽（Emily），也都是好样的。在拍照时帮忙，晚餐经常只吃到冷冻比萨饼，不打扰妈妈写作。我是一个幸运的女人，全家人都在支持我。

许多朋友主动提供帮助，充当我的模特，包括简·艾伦（Jane Allan），秋子（Akiko）和伊姆·阿罗维（Imu Aloway），亚当·鲍尔茨（Adam Balz），本杰明·鲍尔茨（Benjamin Balz）和艾米莉·鲍尔茨（Emily Balz），小查尔斯·罗伯特·鲍尔茨[查理叔叔，Charles Robert Balz Jr.（Uncle Charlie）]，克里斯多弗·鲍尔茨（Christopher Balz），约瑟芬·鲍尔茨（Josephine Balz），洛伊丝·伯里奇（Lois Borich），戴维·丹尼尔斯（David Daniels），尤丽叶·德拉布科娃（Julie Drábková），比尔·菲利克斯（Bill Felix），凯莉·福格维尔（Kelly Fogwell），格蕾琴·福尔廷和布吕德·福尔廷（Gretchen and Brude Fortin），杰奎琳·格林（Jacqueline Green），布雷恩·豪和露西·豪（Brian and Lucy Howe），凯茜·库格勒（Kathy Kugler），卡萝尔·劳森（Carol Lawson），爱丽丝·麦克法兰和比尔·麦克法兰（Alice and Bill MacFarland），布拉德·米勒（Brad Miller），马修·彼得森和艾丽丝·彼得森（Matthew and Iris Peterson），查伦·谢尔（Charlene Schell），以及多萝西·威尔逊（Dorothy Wilson）。你们耐心地接受我有时很糟糕的指示（"现在拿着食物残渣，就像你要把它们扔掉一样，但不要真的扔掉……"）。最后，非常感谢所有可爱的狗模特，贝利，CJ，盖伊，吉普赛，希尔迪，艾薇和韦斯里。

感谢让我在家里建造堆肥箱的家人、朋友：乔治·鲍尔茨和乔伊·鲍尔茨（George and Joy Balz），杰夫·凯伍德（Jeff Caywood）和罗布·尼尔（Rob Neal），玛丽·丽塔·多米尼克（Mary Rita Dominic）和巴迪·古斯（Buddy Goose），布赖恩·格里芬（Bryan Griffin）和蒂姆·施罗（Tim Schraw），伊丽莎白·奥格尔比和贾斯汀·奥格尔比（Elizabeth and Justin Ogilby），伊丽莎白·J.温特斯·韦特（Elizabeth J. Winters Waite）。感谢"建造价值"（Building Value）和大辛辛那提地区的公民花园中心提供的摄影服务。感谢我已故的朋友约翰·巴拉格（John Barlage），帮我介绍哪里可以获得腌菜桶。

本书内容借鉴了数百名其他园丁和堆肥者的集体知识，这些知识来自参考文献中列出的书籍、文章和网站，也来自非常乐于助人的社交媒体上的团体。山丘文化园艺、辛辛那提生态文化协会论坛、家庭堆肥、大辛辛那提园艺俱乐部等都解答了我的疑问、提供了建议。我可以在舒适的沙发上与世界各地的人联系，向他们学习，多么神奇啊！

感谢我的朋友们，测试了我构思的那些疯狂的堆肥方法，包括简·艾伦（Jane Allan），加里·丹格尔（Gary Dangel），汉娜·柳贝斯（Hannah Lubbers），凯特·麦克莱恩（Kat McLane）和多萝西·威尔逊（Dorothy Wilson）。同样感谢那些表示可以帮忙测试堆肥方法的朋友。感谢我的母亲莎伦·布拉泽顿（Sharon Brotherton），在我还是个孩子的时候就带我认识了堆肥。

非常感谢安德烈亚·麦克法兰（Andrea MacFarland），花了这么多个周六来拍摄堆肥箱的建造、食物残渣、蚯蚓和狗狗，在新冠疫情期间也不例外。你甚至克服对鸡的恐惧，进入鸡舍拍摄照片。你是真挚的朋友，也是一位有才华的摄影师，很高兴能与你一起合作这本书。你拍摄的漂亮照片将DIY项目和堆肥活生生地呈现给了读者。

作者简介

　　米歇尔·鲍尔茨是一个拥有多年经验的后院堆肥者，对减少人类对地球的影响充满热情。她的第一本关于后院堆肥的书《新时代的堆肥》（*Composting for a New Generation*）于2018年出版。她开过数百次关于堆肥的课程，还通过博客"一个堆肥者的自白"（*Confessions of a Composter*）将堆肥知识推广给了更多人。自2002年以来，米歇尔一直从事固体垃圾的专业工作，鼓励居民和企业减少垃圾、使用更少资源。她拥有辛辛那提大学的环境研究学士学位和专业写作的硕士学位。你可以在Twitter和Instagram上关注米歇尔的ID：compostgeek。米歇尔与她高中时的恋人、如今的丈夫亚当，两个可爱的孩子本杰明和艾米丽，在美国俄亥俄州辛辛那提市一起生活。

索 引